斉藤謠子の掌心拼布

小巧可愛！造型布小物&實用小包

斉藤謠子の掌心拼布

小巧可愛！造型布小物&實用小包

斉藤謠子の

掌心拼布

小巧可愛！造型布小物&實用小包

目次

Chapter 1 掌中小包

Chapter 2 便利小物

Chapter 3 生活小物

Chapter 1 掌中小包

01

小狗波奇包

拼接出表情豐富的樣貌。

作法……p.50

02

口金包

組合1cm的四拼片與四方形。
圓滾滾的形狀十分可愛。

作法……p.44

03

提籃波奇包

用心打造的立體形狀。
也適合當作袋中袋的包款。

作法……p.52

04

傘狀波奇包

立體形狀展現獨特風格的小包。
加上圓形環，攜帶出門也很方便。

作法……p. 54

05
茶杯波奇包

雖然看起來複雜，只需縫合脇邊及底部即完成包包。
貓咪的表情真是療癒人心。

作法……p. 56

06

附提把波奇包

提把可拆卸的小包。
多種變化，使用方便。

作法……p.58

07 天空藍波奇包

像是抬頭抑望冰藍色的天空一般，杯中插上了植物。

作法 p.60

08

花朵波奇包

包包的主設計是貼布縫花朵圖案。
拉鍊成為重點色。

作法……p.62

Chapter 2 便利小物

使用厚羊毛布的簡單設計。細長形狀，使用順手。

 作法……p.64

09
橄欖眼鏡盒

10

方格圖案眼鏡盒

組合出挺立的盒形
使用金屬鎖釦。

 作法……p.66

11
鑰匙包

連接堪薩斯州的麻煩圖案，
組合金屬排釦，即可簡單完成。

作法……p.68

Deux Morceaux faciles
à la première position
Rêverie
PRIX NET : FR. 1.50
rue Neuve, Bruxelles.
FIN.

12 藥品小物收納包

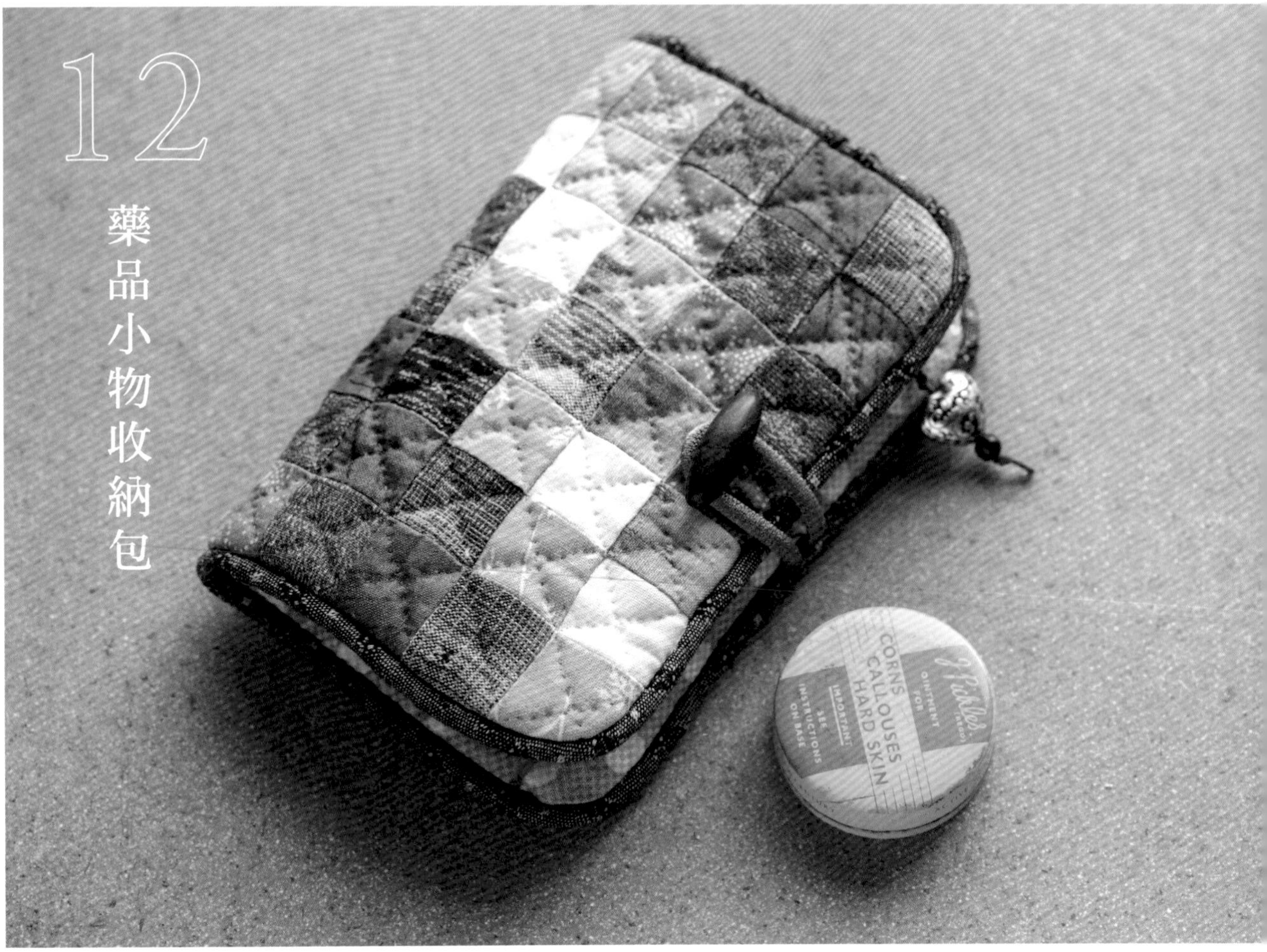

隨身攜帶細長形狀及重要物品時，可使用的附口袋收納包。

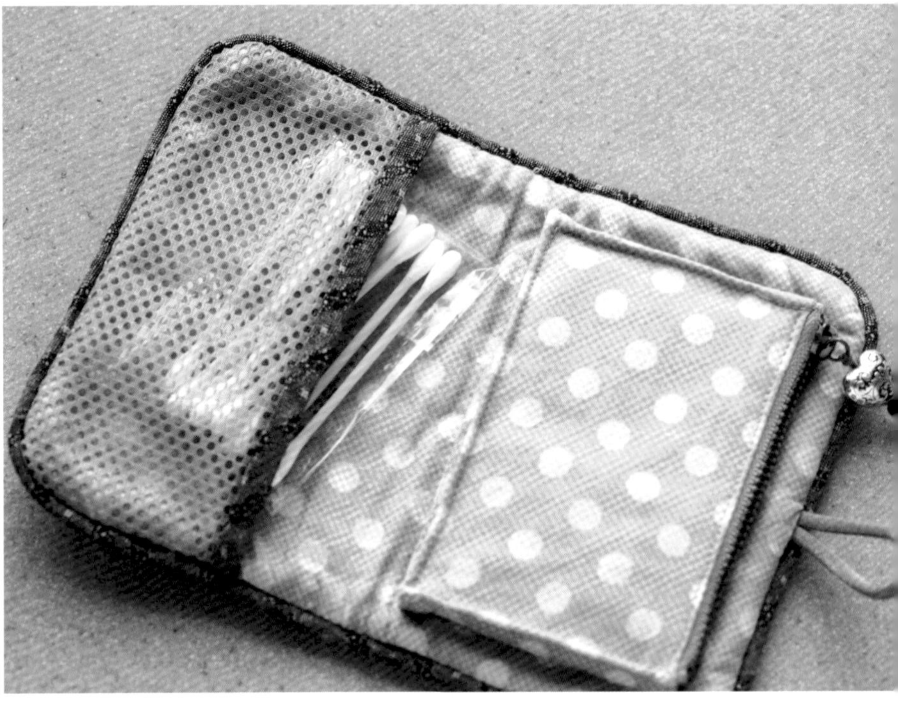

 作法……p.70

13 筆袋

裝飾街景貼布縫的筆袋。
依配色不同，街道景色有白天與夜晚的變化。

作法──p.65

14 零錢包

攜帶方便的提把。
加裝在拉鍊上的瓢蟲來回移動。

 作法……p.72

15
束口包

像束口袋一樣，
拉繩就可以調整，提把製作想要的長度。

 作法……p.74

加上圓環形手柄，不放鋪棉，
直接使用柔軟布料製作包包。

16 圓環手柄包

作法……p.76

17
刺繡肩背包

鋪棉及刺繡的圖案鮮明，
選用亮眼的顏色。

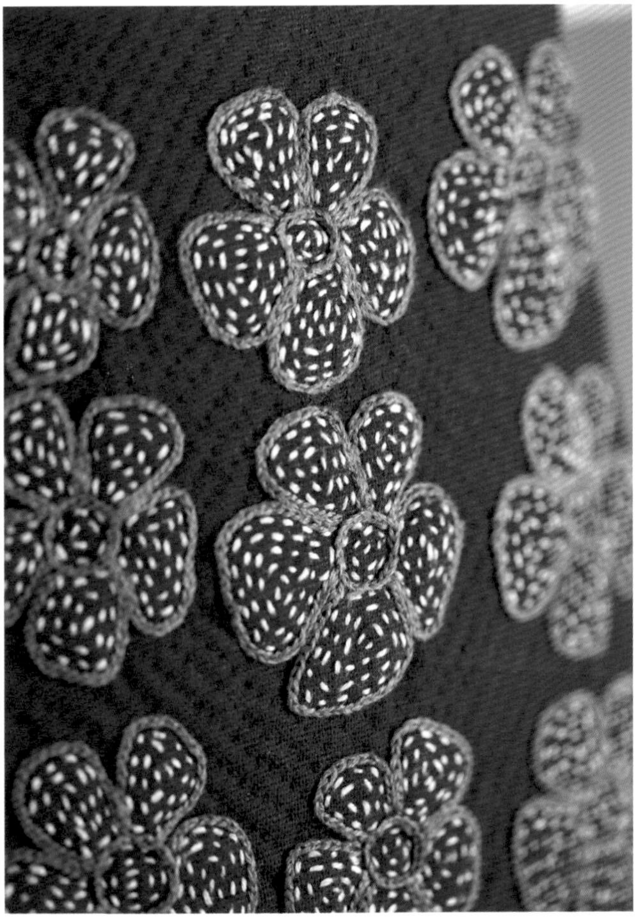

作法—p.78

RAW-WHITE
TILL 1,800Kg
Advanced Security Webbing

18
附口袋肩背包

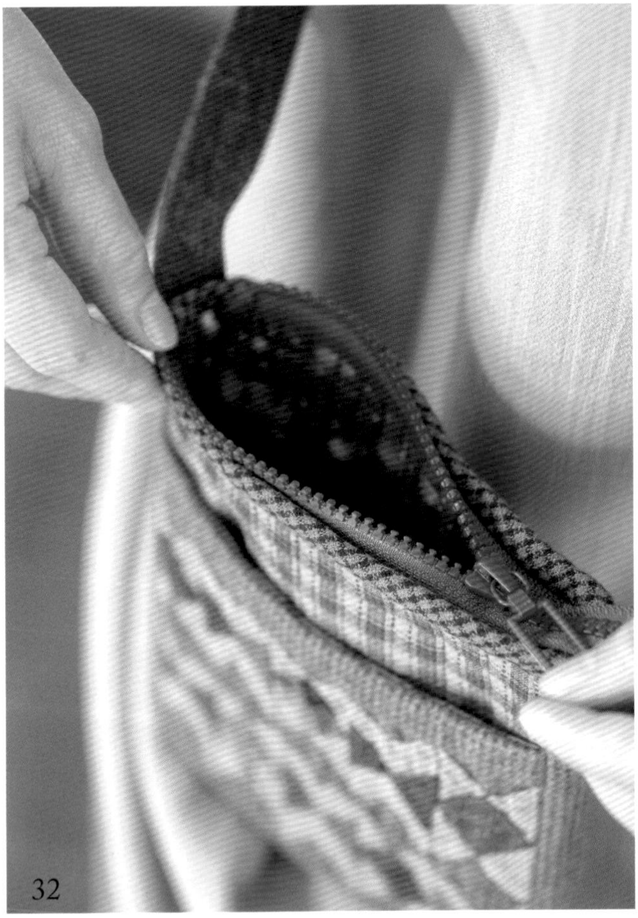

拼接口袋成為包包的設計重點，
肩背帶也可以調整成自己喜歡的長度。

作法……p.80

Chapter 3 生活小物

刺蝟、仙人掌、孔雀，製作出喜歡的夥伴吧！

19

針插

作法……*p. 82*（刺蝟）
作法……*p. 79*（仙人掌）
作法……*p. 84*（孔雀）

20

小豬情侶娃娃

可愛的小豬情侶娃娃。惹人喜愛的表情難以形容！

作法……p. 86

21

手機袋

對摺縫上鱷魚貼布縫的布，製作手機袋。
加上口金，取放手機好方便。

作法……p. 88

22 彈簧口金波奇包

鼠、牛、虎…依不同的生肖年份分類也很不錯呢！

作法……p.90

23
別針

使用毛氈布與塑膠釦製作貓咪與小鳥。也很適合當作時尚配件。

作法……p. 92, 93

24
萬聖節

提早來作季節裝飾品的準備吧！

作法……p.94

25 聖誕節

無論大人或小孩，不管到幾歲都能樂在其中。
獻給令人充滿期待的聖誕佳節。

作法……p.95

02 作品……p.6

口金包

拼布基礎

製作口金包

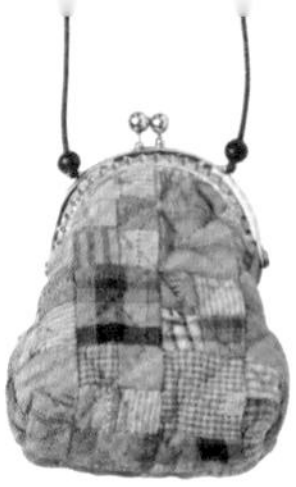

材料

拼接用布…使用零碼布

裡布、鋪棉…15×25cm

縫份包邊用斜紋布2.5×12cm

寬 6×4cm 口金（H18-5）1個

蠟繩 細 30cm、直徑5mm串珠2個

配置圖　本體２片

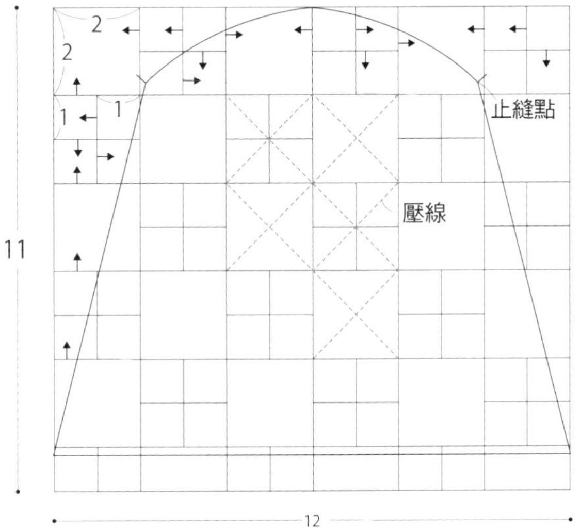

→是縫份倒向的方向

縫份0.7cm

原寸紙型

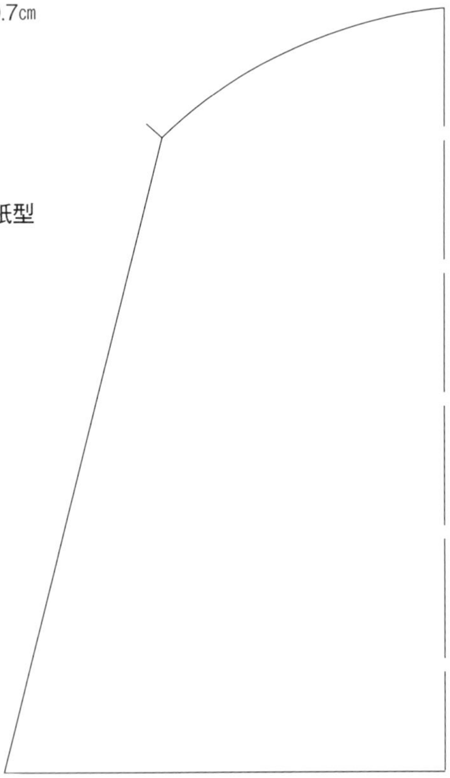

製作拼布小物的使用工具

介紹便利的工具

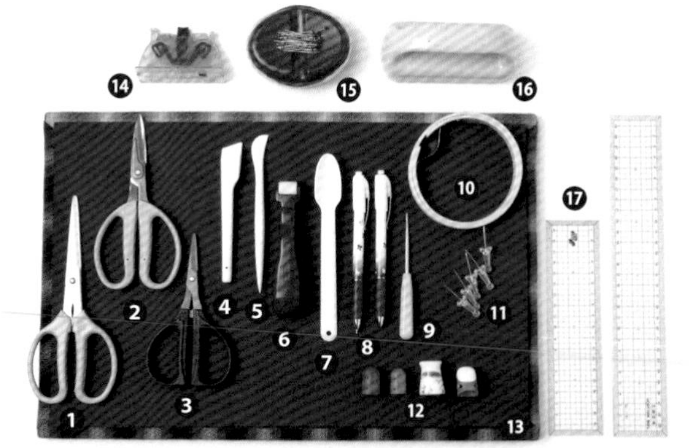

❶裁布用剪刀

❷裁紙用剪刀

❸裁線用剪刀

❹縫份骨筆　打開縫份及縫份倒向時使用的工具

❺貼布縫用刮刀

❻滾輪骨筆　滾輪式的骨筆

❼湯匙　疏縫時的接針使用

❽記號筆

❾錐子

❿刺繡框

⓫圖釘　疏縫固定布料時使用

⓬頂針　壓線時使用

⓭拼布燙板

⓮穿線器

⓯珠針

⓰布鎮

⓱量尺

針（原寸）

依不同用途選擇針，在運針及縫製上較為順手。

❶疏縫針

❷貼布縫針　使用於拼接及貼布縫

❸壓線針

❹刺繡針

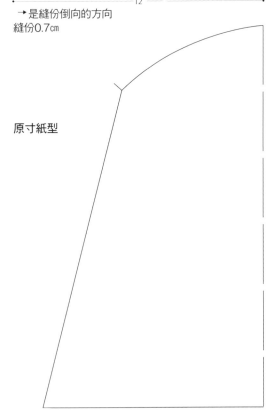

拼接布料 ※為了讓圖片容易辨識，使用紅線示範。

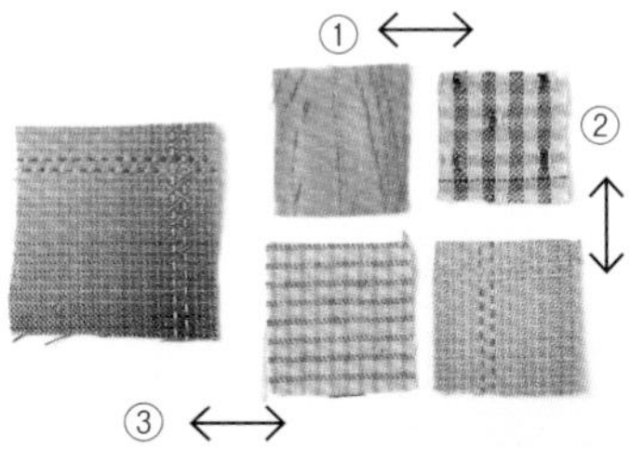

1 參考配置圖，加上0.7cm縫份，裁切需要的布片。首先，連接四拼片及四方形。

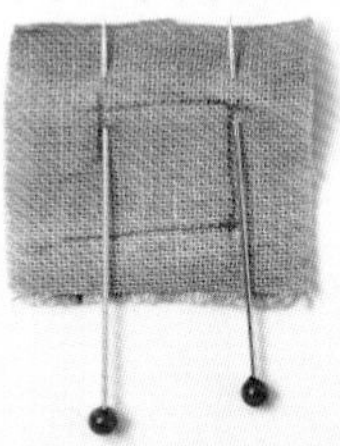

2 互相拼接的布片與布片正面相對，對齊記號固定。

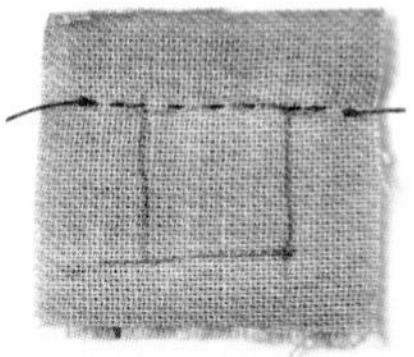

3 從縫線的邊端縫至另一邊。始縫跟止縫點進行一針回針縫。

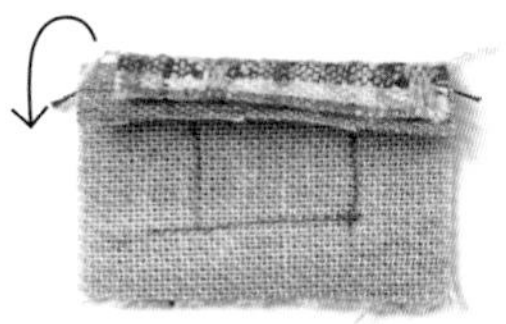

4 縫份裁切整齊後，從接縫處多摺入0.1cm，抓褶後將縫份倒向。

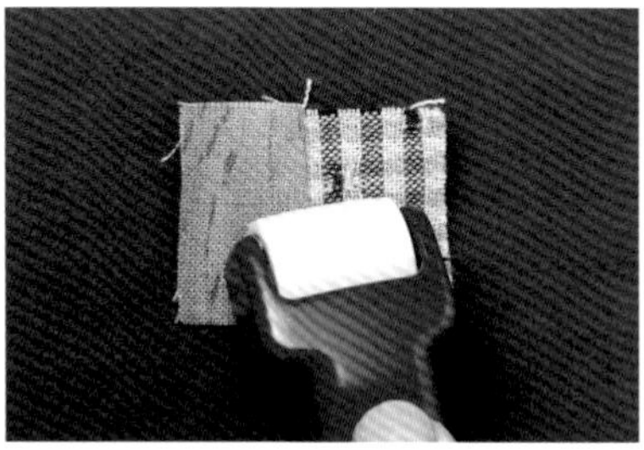

5 使用滾輪骨筆從正面壓出摺線，讓布料平整。若無骨筆可使用熨斗。

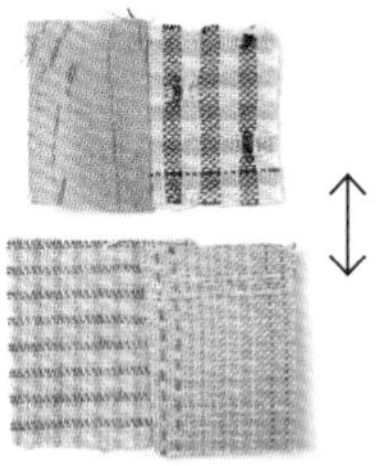

6 拼接已接合兩片布片的兩組布塊。縫份倒向方向請參考配置圖。

7 正面相對後縫合。縫份重疊處進行回針縫。

（正面）

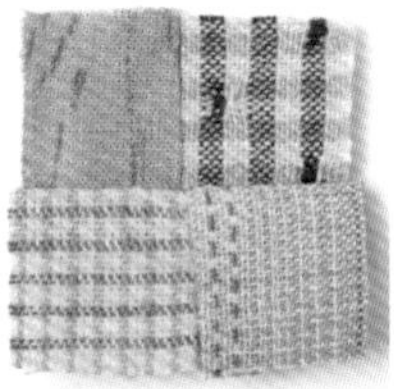

（背面）

8 縫合四片的四角，完成四拼片。縫份交錯倒向。

（正面）

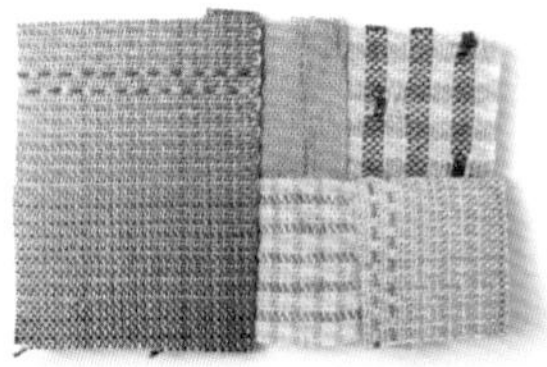

（背面）

9 接合四拼片與四方形的一片布。縫份往大片布塊的方向倒向。

（正面）

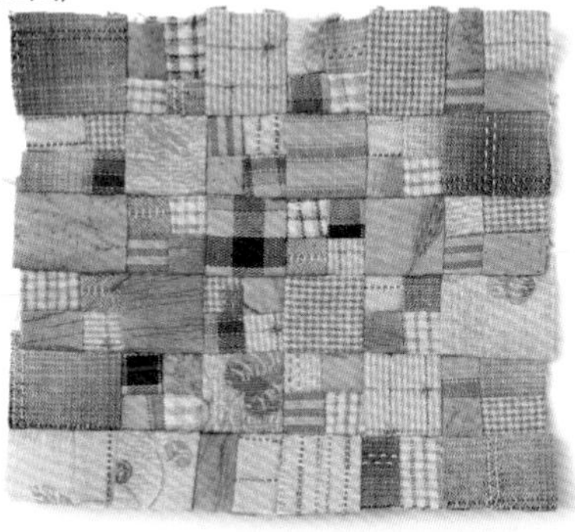

（背面）

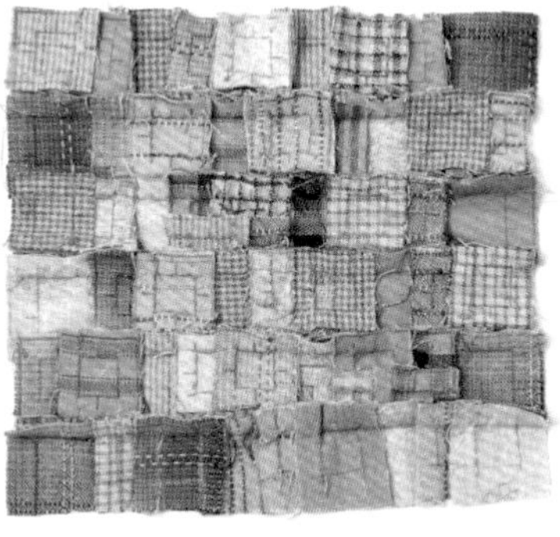

10 接合各個布塊，拼接出表布。正面及背面雙面使用熨斗燙平。

壓線

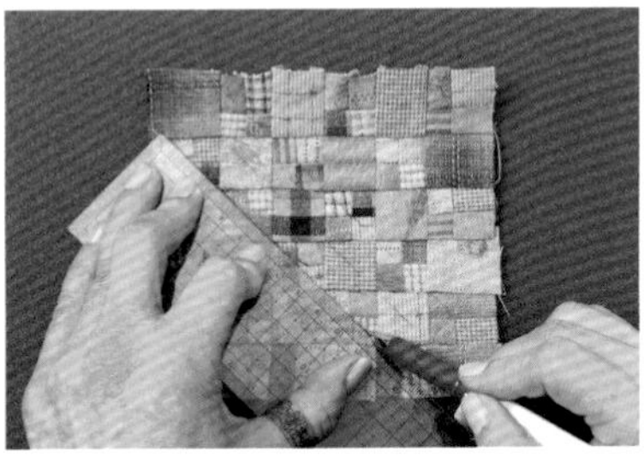

11 表布畫出壓線的線條。連接四方形的角，畫出格子。

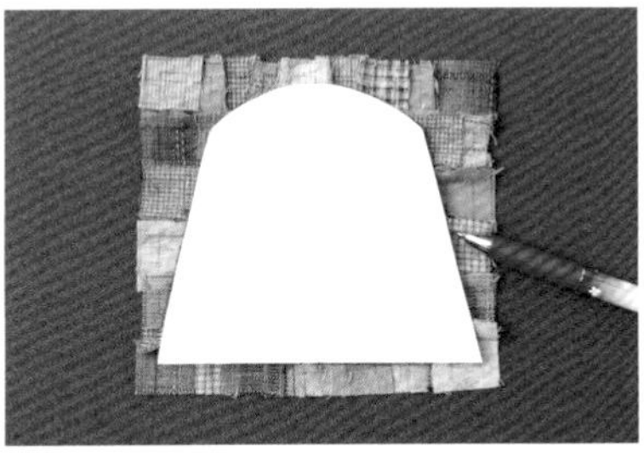

12 背面使用紙型畫出完成線。

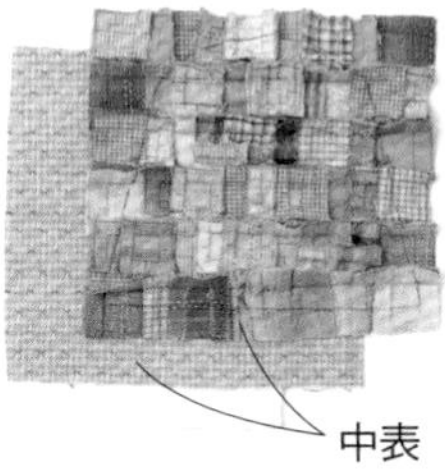

13 表布與裡布正面相對，重疊於鋪棉上方。

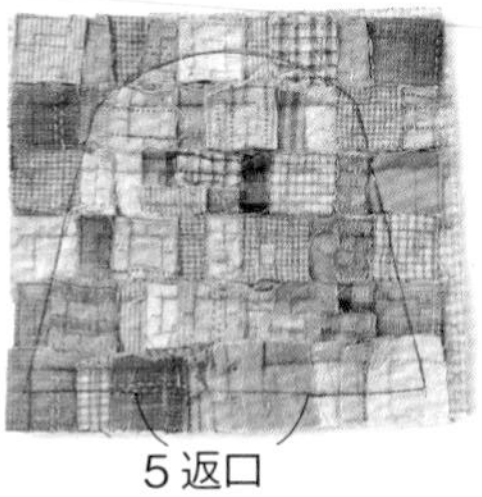

14 預留5㎝返口，車縫周圍。若採手縫，請進行回針縫。

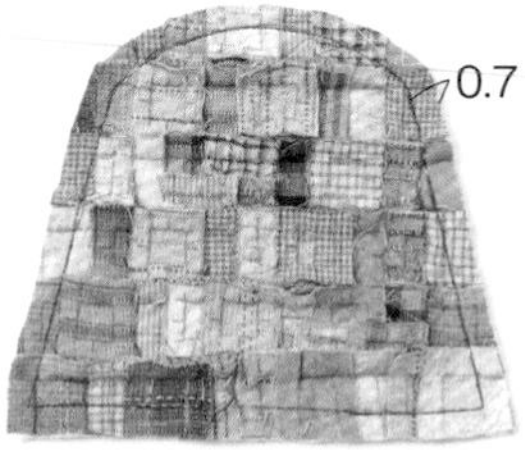

15 預留0.7㎝，裁切多餘的部分。

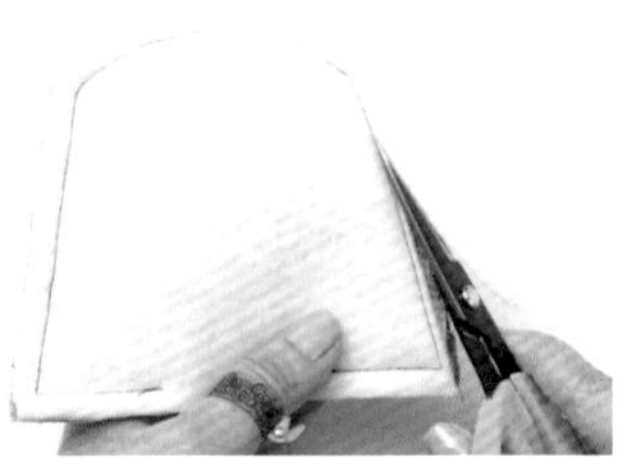

16 鋪棉在縫線處邊緣裁切更多的縫份。

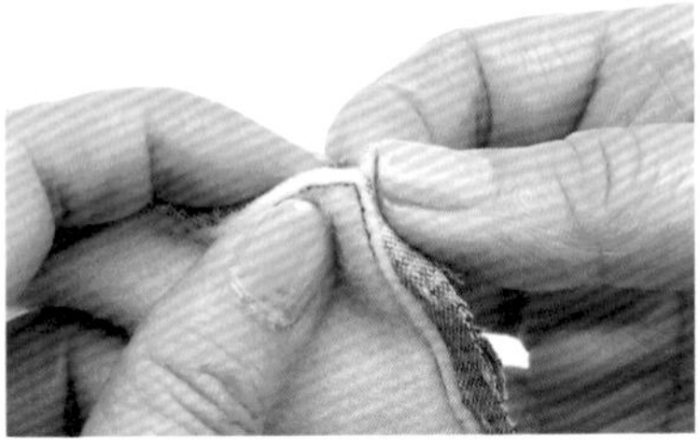

17 從返口翻回正面，若事先摺疊邊角縫份，就能作出漂亮的邊角。

18 縫份往內側倒向，返口進行捲針縫封口。

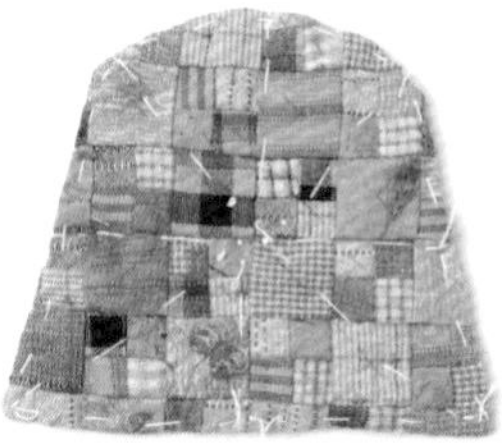

19 在壓線之前先進行疏縫。縫線先從中心呈放射狀縫合，再縫周圍。

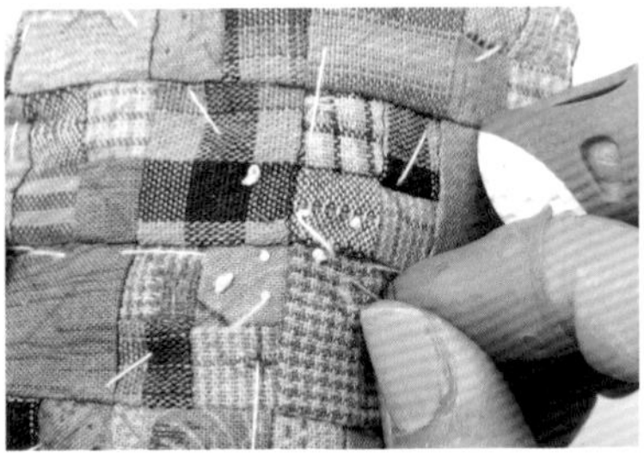

20 壓線自中心入針，在離中心有些距離的位置，不挑裡布入針。在前一針處出針。

21 拉線，將打結處留在裡面，往回一針，在與20相同位置出針。

22 再往回一次。從這裡開始挑針到裡布，進行壓線。

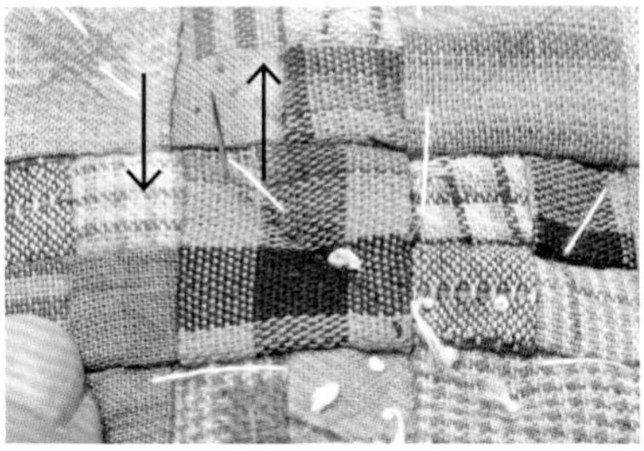

23 縫份集中的作品不連續運針，一針一針上下垂直出入針，進行壓線。

24 止縫點返回兩針。完成所有壓線後，再拆下疏縫線。

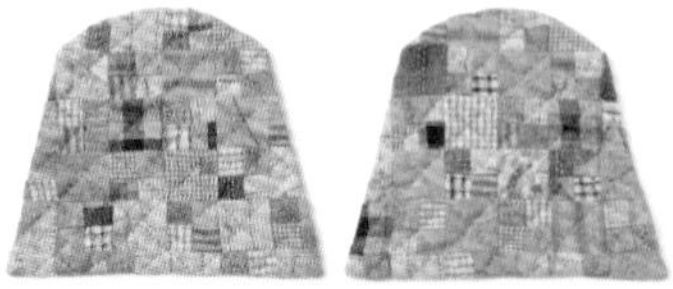

25 前片及後片，製作兩片相同形狀的布片。

組合

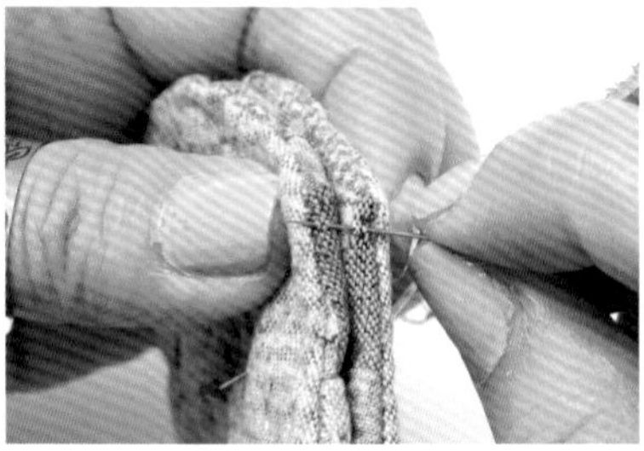

26 前片與後片正面相對縫合，在止縫點記號的前方0.5cm處入針，只挑表布。

27 返回至記號處（回針縫）後，直接只挑表布，周圍進行捲針縫。

28 從記號處縫至記號處。

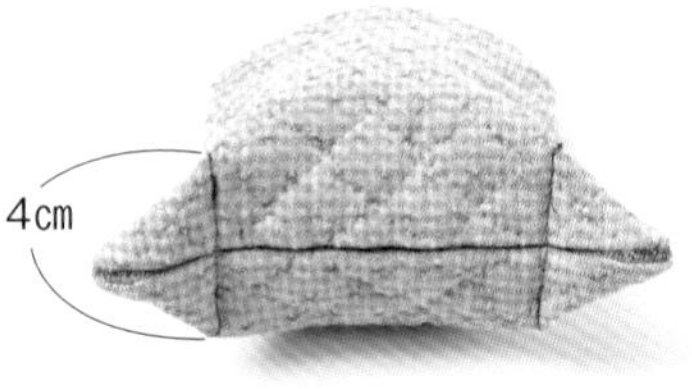

29 左右兩邊各取4cm側身，車縫縫合。

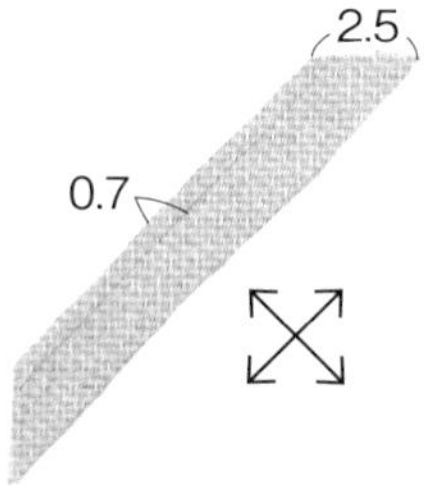

30 準備縫份包邊用斜紋布。先畫出直接裁剪尺寸寬2.5cm×12cm、0.7cm的縫線。

31 各裁剪6cm的斜紋布。

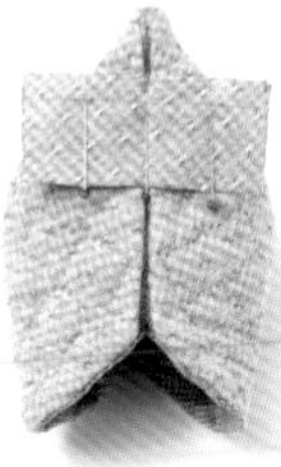

32 在側身處將斜紋布正面相對，以珠針固定。

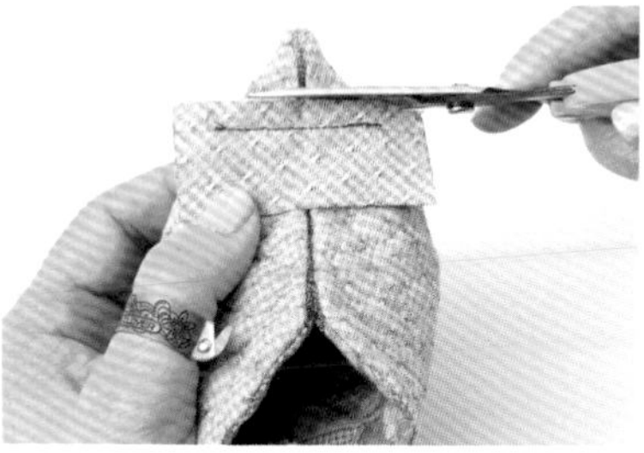

33 車縫縫合側身寬度4cm，裁剪側身多餘縫份

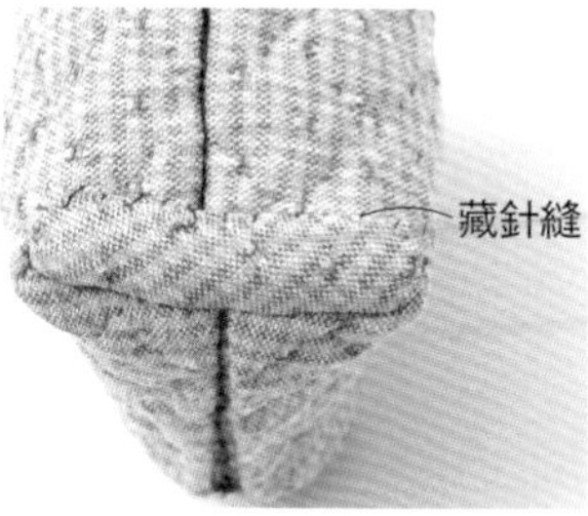

34 依橫向、縱向的順序，使用斜紋布包住縫份。相反側也依相同方式縫合。

安裝口金，收尾完成

35 本體嵌入口金。本體袋口中心與口金中心對齊。

36 使用錐子自中心壓入布料。

37 取兩股疏縫線暫時固定。先確實地固定住中心位置。

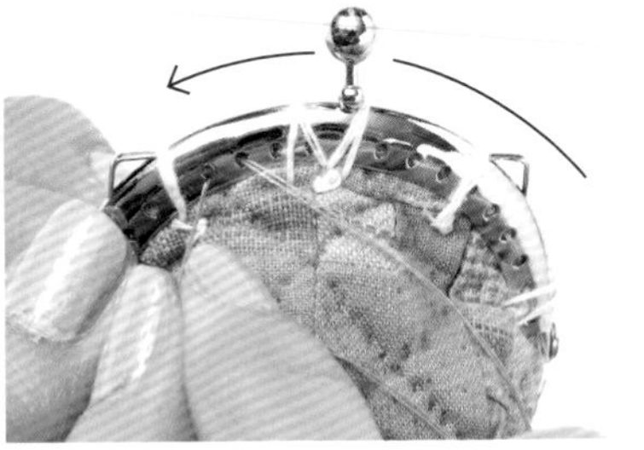

38 取兩股線來回縫合。請注意縫份密集處會變硬。

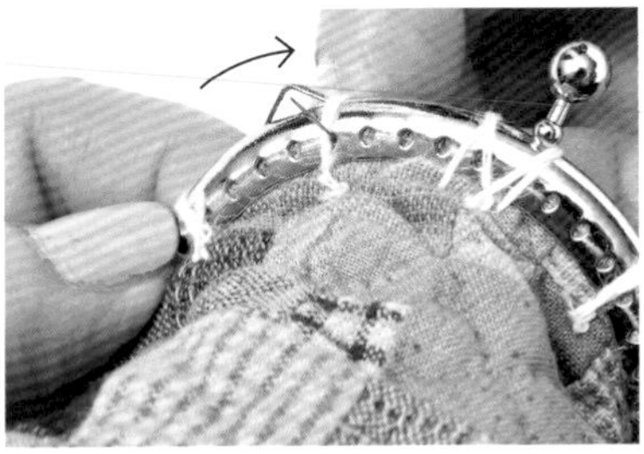

39 穿過第一次未縫到的洞，讓口金的洞全都縫上縫線。

40 在袋口的兩側安裝口金。

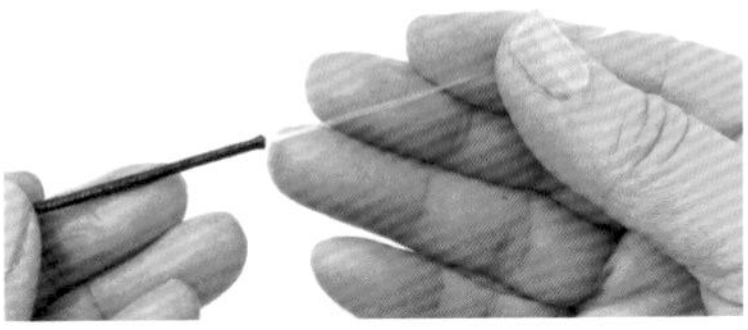

41 準備蠟繩。將中心帶芯線的芯拉出。

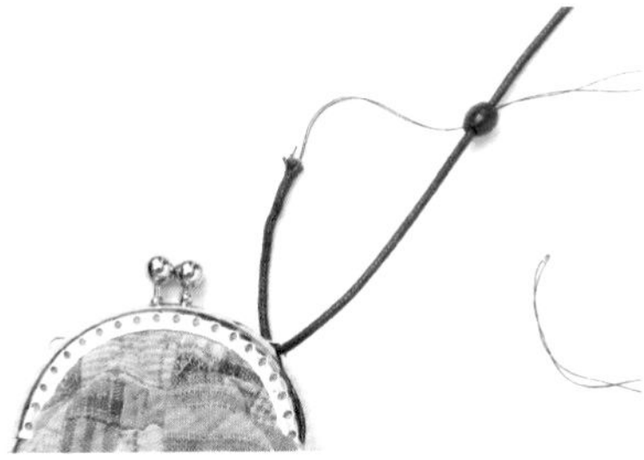

42 將穿入2個串珠的蠟繩穿過口金的繩環。將芯線的前端處穿針。

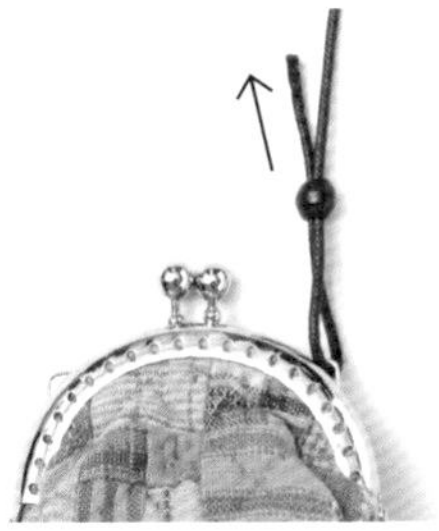

43 從串珠的下方出針，芯線穿過串珠。

44 串珠往下移至底部，縫合固定。

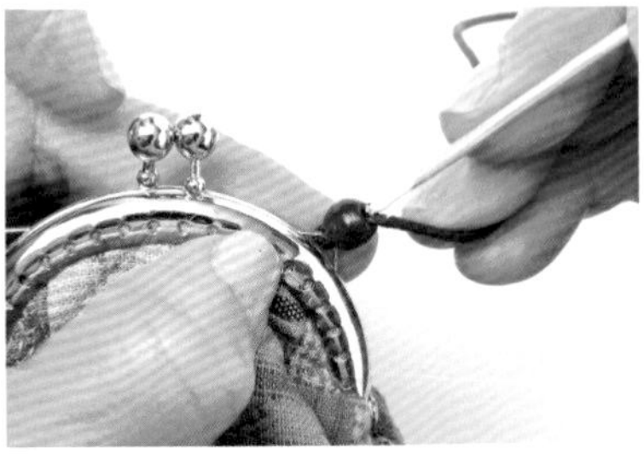

45 裁剪短邊的芯線，使用牙籤將串珠的洞填滿白膠固定。

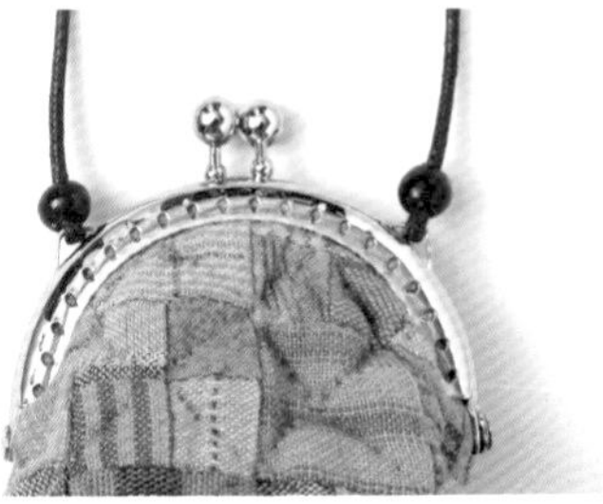

46 兩邊都裝上蠟繩後就完成了！

作品作法

- 圖中的尺寸單位皆為cm。
- 作法圖示及紙型皆不含縫份。未指定直接裁剪時（含縫份或不需要），請預留縫份再裁剪布料。拼接縫份預留0.7cm、貼布縫預留0.3cm。
- 作品完成尺寸標示於製圖圖面尺寸。因縫線或壓線，可能會有尺寸改變的情況發生。
- 壓線後，大多會有比完成尺寸稍微縮小的情況。完成壓線後，請再次確認尺寸，再進行下個步驟。
- 拼接或部分壓線採車縫製作；亦可以手縫完成。

● 刺繡方法請參考以下頁面

輪廓繡	p.54,61,95
8字結粒繡	p.75
緞面繡	p.57
直線繡	p.83
鎖鍊繡	p.75
毛毯繡	p.54
法國結粒繡	p.57
魚骨繡	p.95
絨毛繡	p.79
平針繡	p.75
雛菊繡	p.57

01 小狗波奇包

作品……p.4

材料（1件的用量）

拼接用布…使用零碼布（包含後片・側身・提把）、裡布・鋪棉各40×25cm、長20cm 拉鍊1條、直徑0.7cm黑色鈕釦1個

作法

1 拼接後，製作前片表布。
2 1、後片、側身、提把各別地與裡布及鋪棉重疊，預留返口，縫合周圍。
3 翻回正面，縫合返口，進行壓線。
4 側身及拉鍊縫合成圓圈狀。
5 前後片與4正面相對，進行捲針縫。

配置圖A前片 ※後片使用一片布，1.2cm正方格車縫壓線

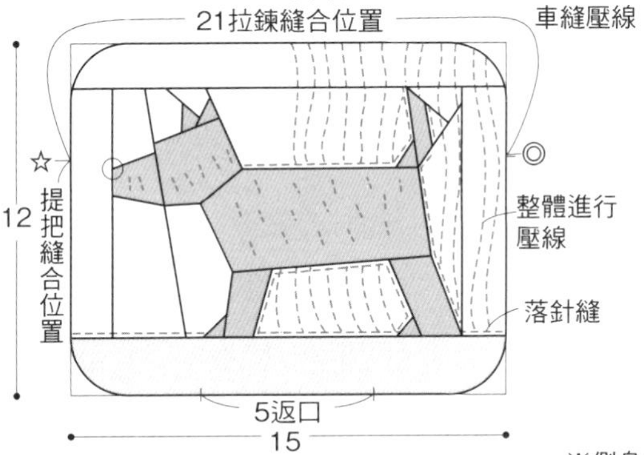
21拉鍊縫合位置
12
提把縫合位置
整體進行壓線
落針縫
5返口
15

側身（相同）

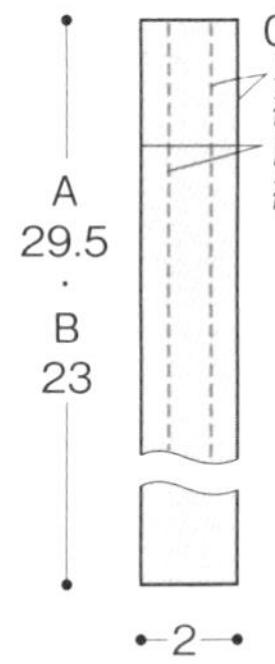
0.5
車縫壓線
A 29.5・B 23
2

※側身的長度在本體壓線後，重新量☆～◎底部再決定

B前片 ※後片是對稱的一片布

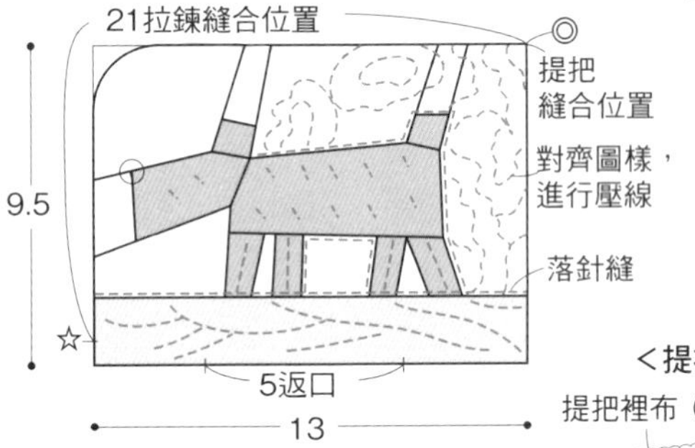
21拉鍊縫合位置
提把縫合位置
對齊圖樣，進行壓線
落針縫
9.5
5返口
13

提把（AB相同）

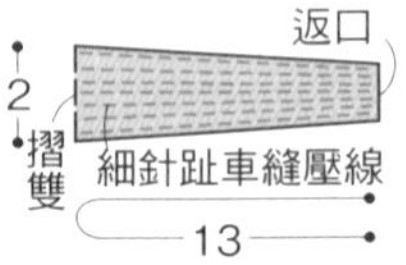
返口
2
摺雙
細針趾車縫壓線
13

＜拼接作法＞ 製作布塊，縫合

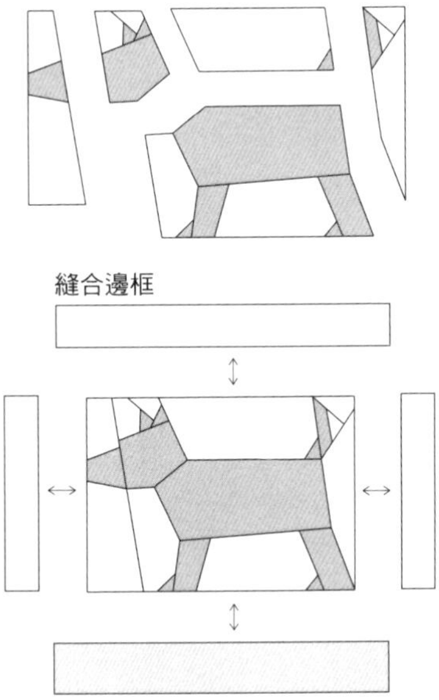
縫合邊框

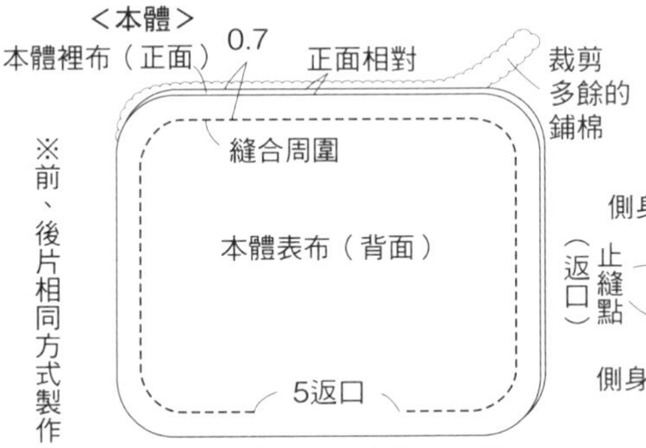
＜本體＞
本體裡布（正面）
0.7
正面相對
裁剪多餘的鋪棉
縫合周圍
本體表布（背面）
5返口
※前、後片相同方式製作

※本體、提把、側身翻回正面

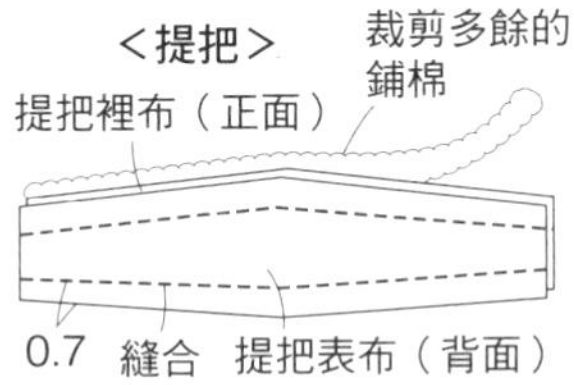
＜提把＞
裁剪多餘的鋪棉
提把裡布（正面）
0.7
縫合
提把表布（背面）

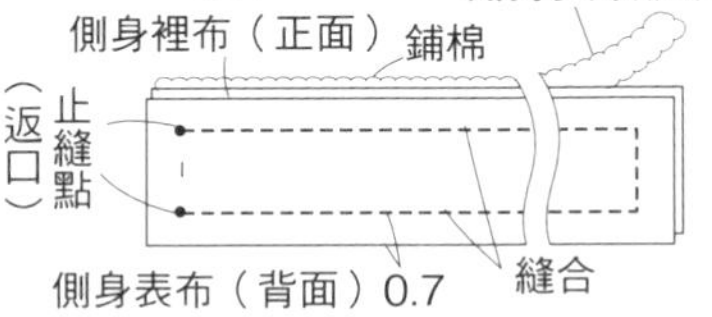
＜側身＞
裁剪多餘部分
側身裡布（正面）
鋪棉
止縫點（返口）
側身表布（背面）
0.7
縫合

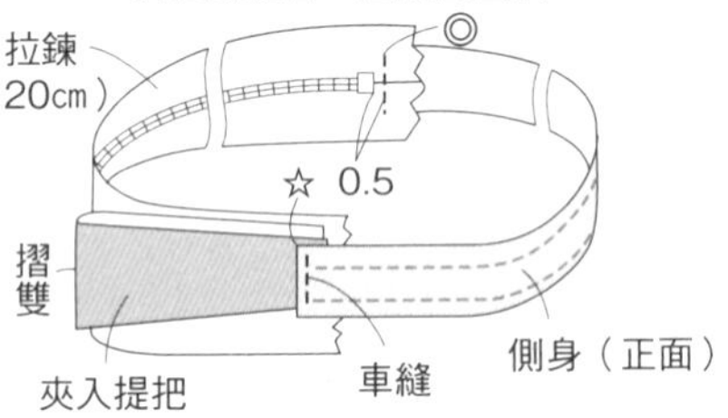
與拉鍊縫合，圍成圓圈狀
拉鍊（20cm）
0.5
摺雙
夾入提把
車縫
側身（正面）

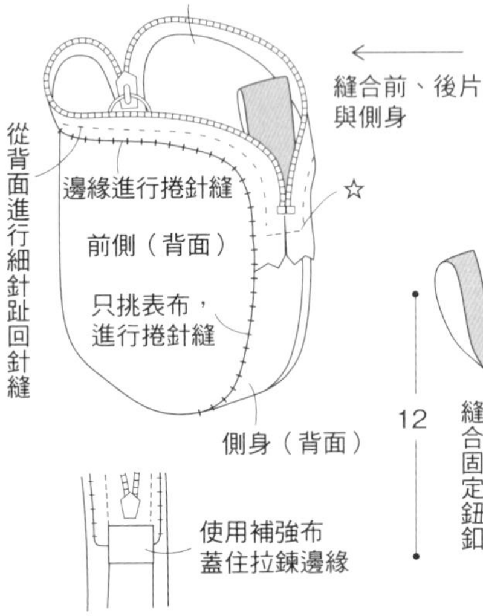
縫合前、後片與側身
後片（正面）
從背面進行細針趾回針縫
邊緣進行捲針縫
前側（背面）
只挑表布，進行捲針縫
側身（背面）
使用補強布蓋住拉鍊邊緣

完成圖B

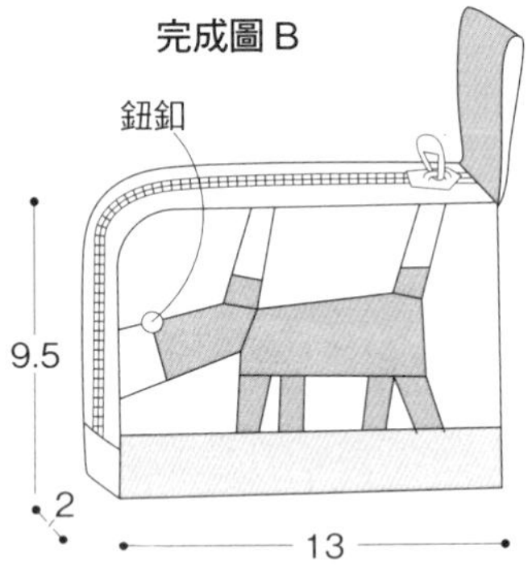
鈕釦
9.5
2
13

完成圖A

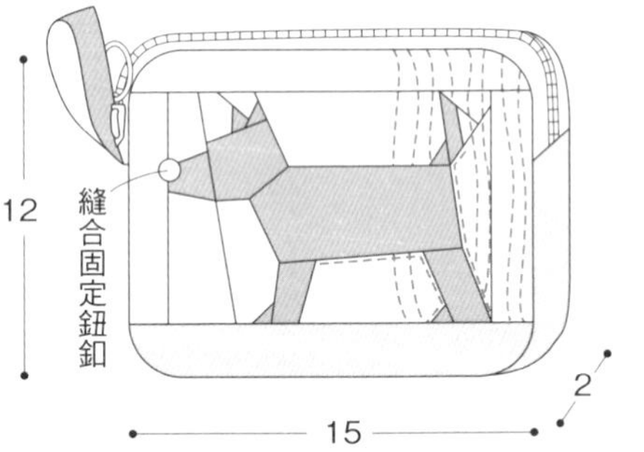
12
縫合固定鈕釦
2
15

原寸紙型 A

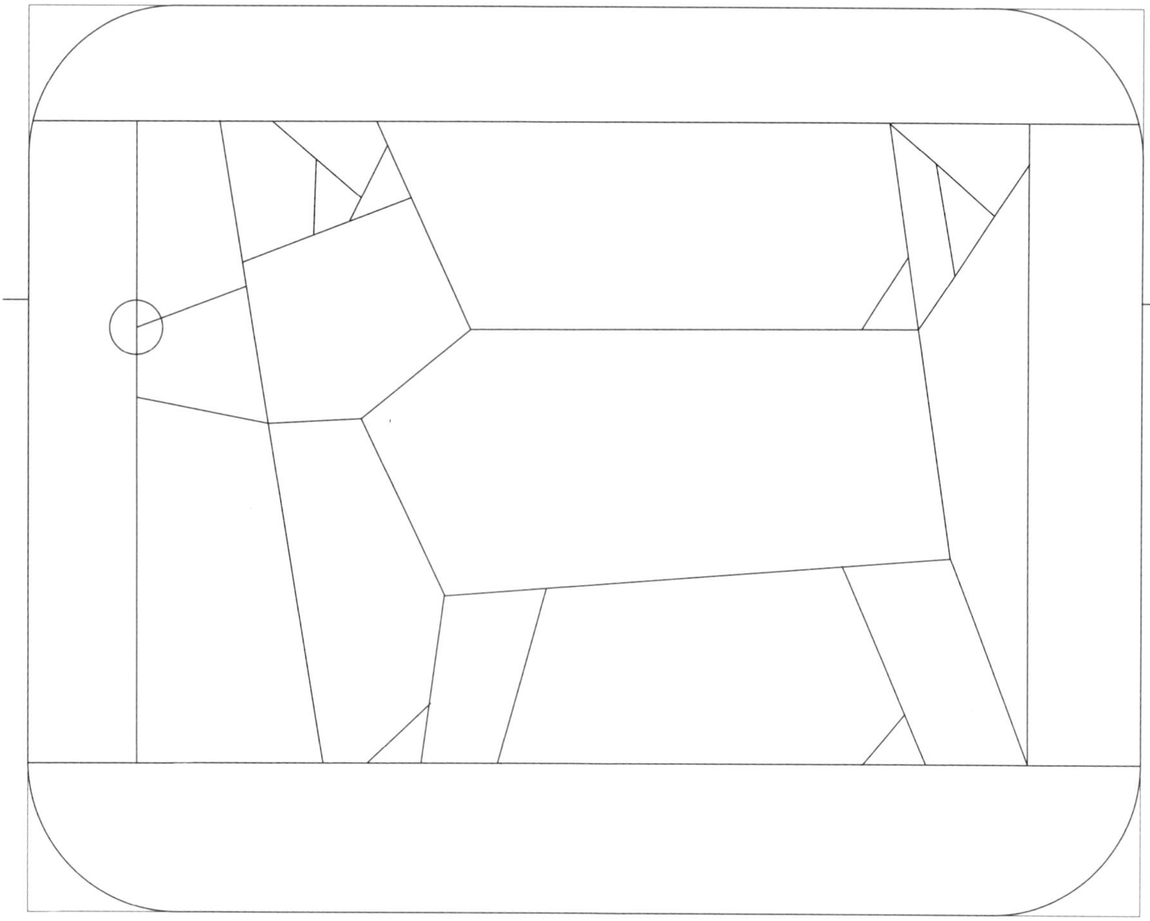

B

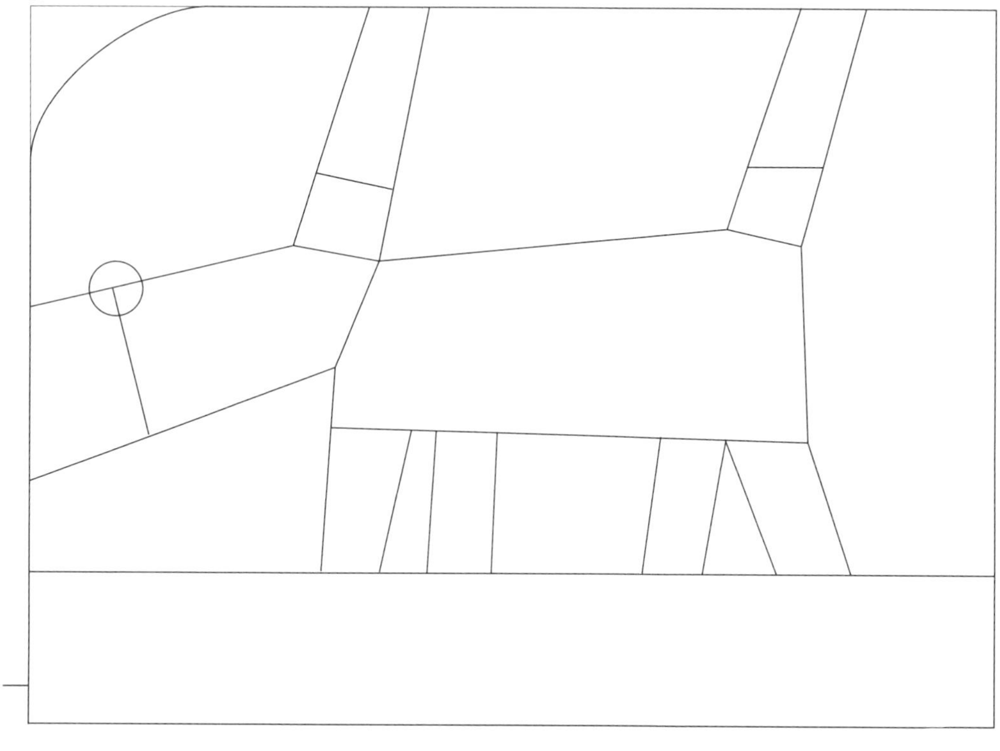

提把（相同）

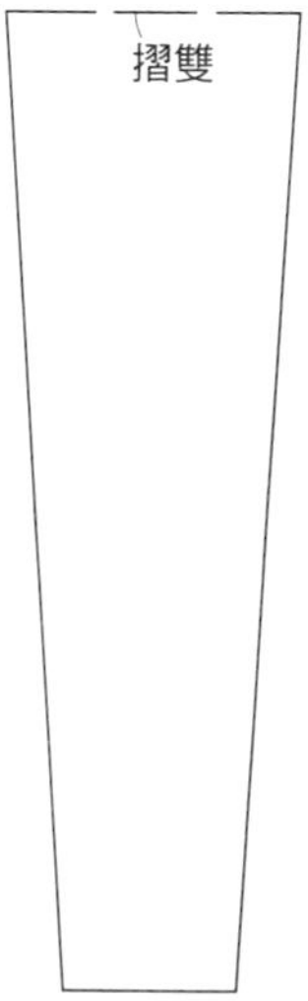

03 提籃波奇包

作品……p.8

材料

拼接・貼布縫用布…使用零碼布（含底部・提把・口布）、裡布・鋪棉各50×40cm、長15cm 拉鍊1條、波浪狀織布55cm、帶膠鋪棉・MOCO繡線（或是4股25號線）深棕色 各適量

作法

1 進行拼接、貼布縫、刺繡，本體・側面表布各製作2片。
2 1的袋口側縫合波浪狀織布。
3 製作提把，暫時固定本體。
4 將3與裡布及鋪棉正面相對，預留返口後，縫合周圍。
5 翻回正面，進行壓線。
6 側面、底布、口布也依相同方式製作。
7 縫合側面與底布，再連接本體，製作出包包形狀。
8 口布加裝拉鍊後，與7縫合。

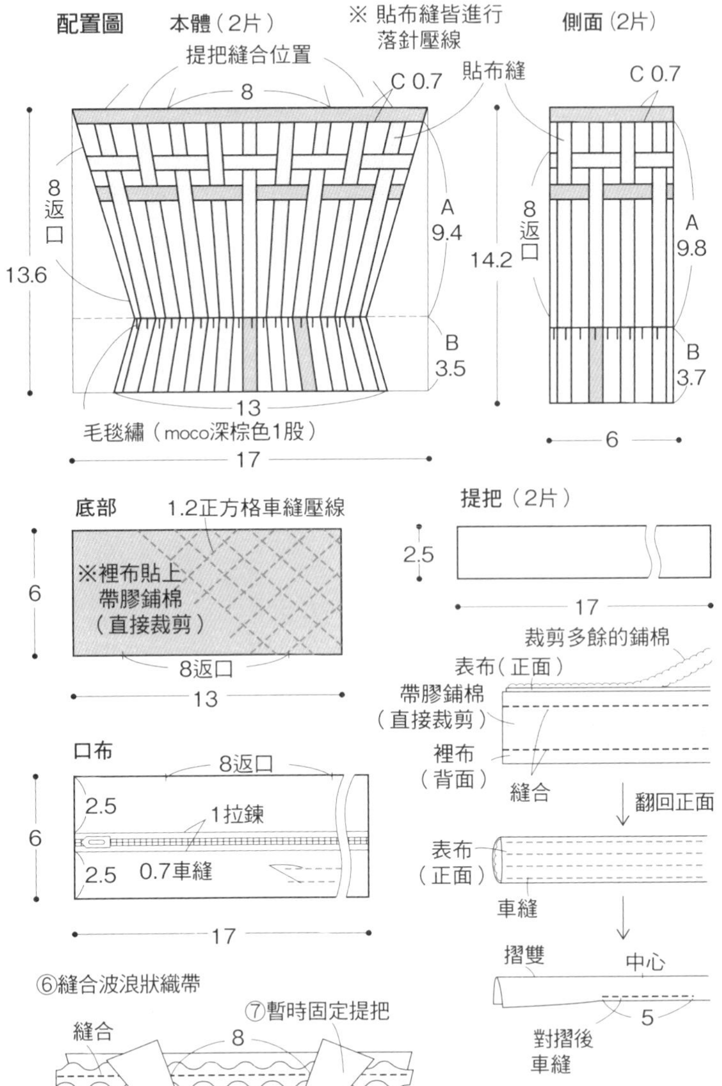

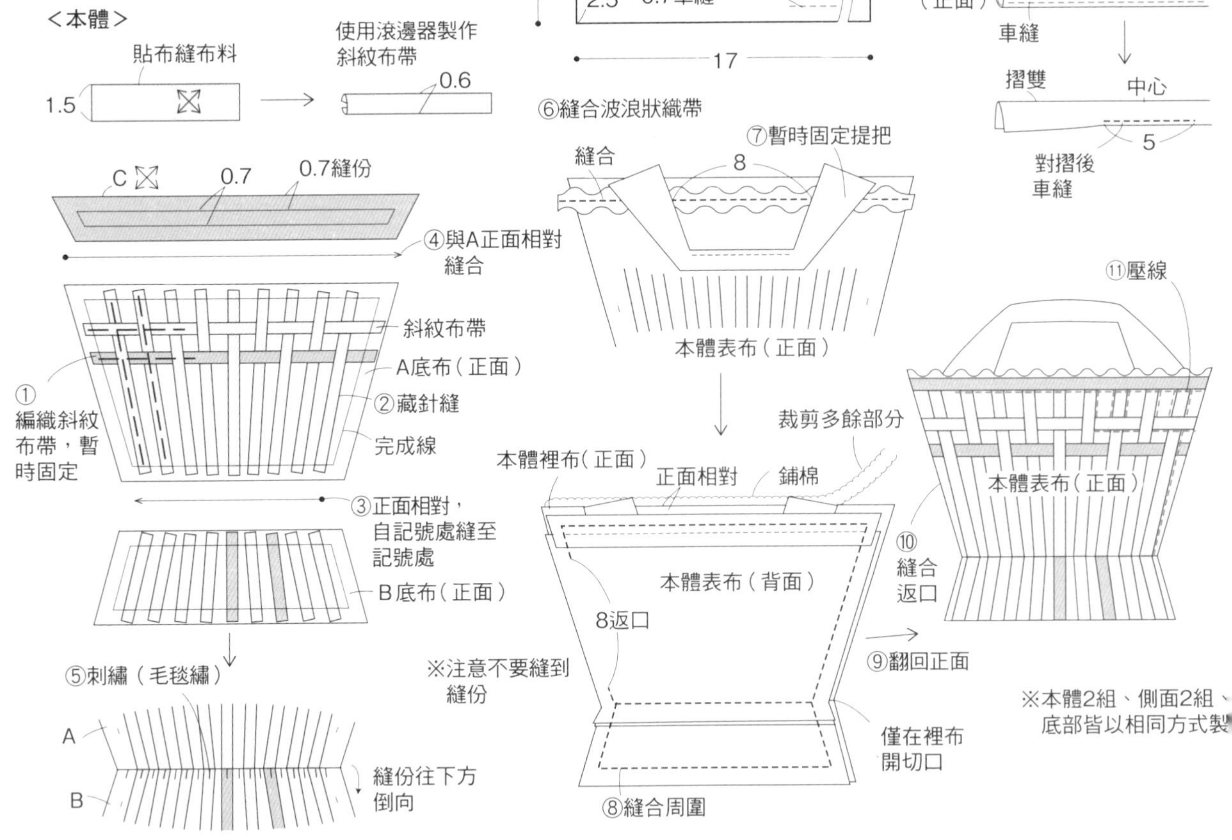

<拼接方法>

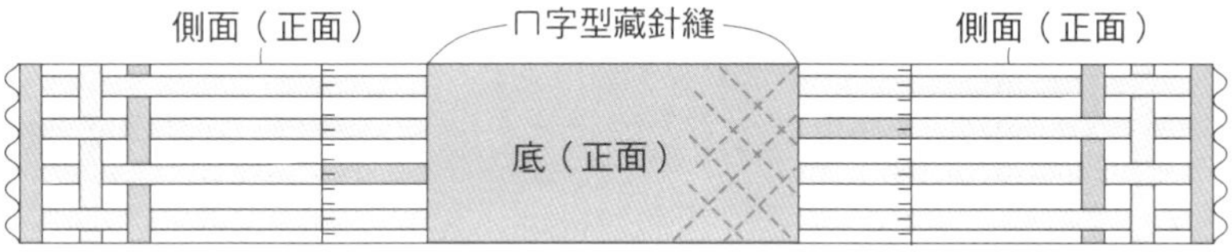
側面（正面）
ㄇ字型藏針縫
側面（正面）
底（正面）

<口布>

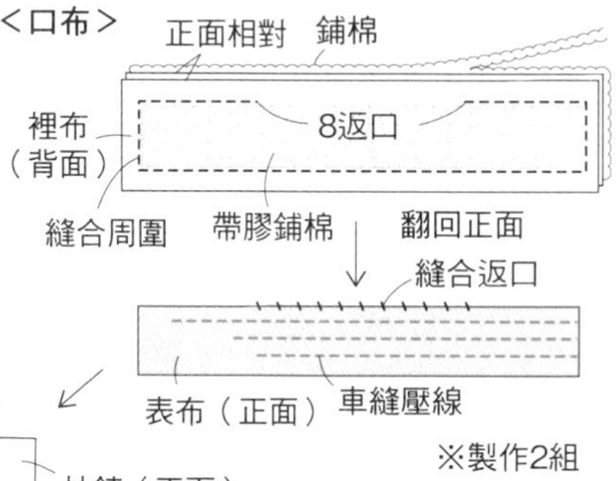
正面相對
鋪棉
裡布
（背面）
8返口
縫合周圍
帶膠鋪棉
翻回正面
縫合返口
表布（正面）
車縫壓線
※製作2組

組合

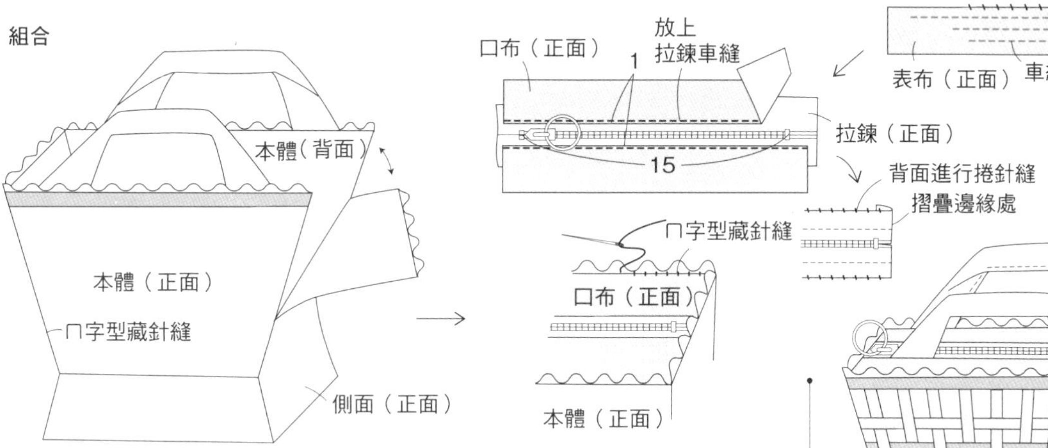
本體（背面）
本體（正面）
ㄇ字型藏針縫
側面（正面）
口布（正面）
1
放上
拉鍊車縫
拉鍊（正面）
15
背面進行捲針縫
摺疊邊緣處
ㄇ字型藏針縫
口布（正面）
本體（正面）

完成圖

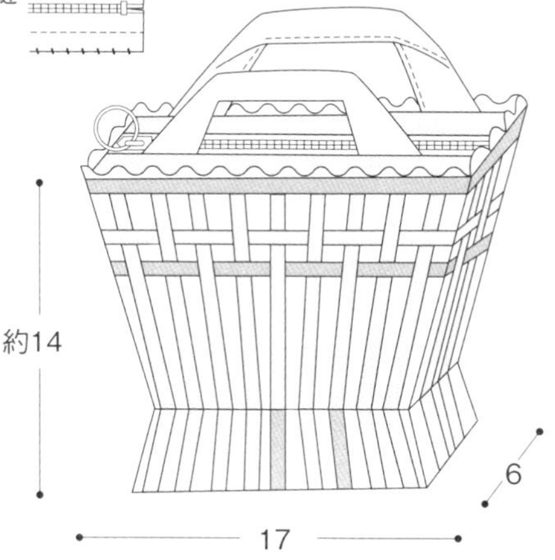
約14
6
17

本體

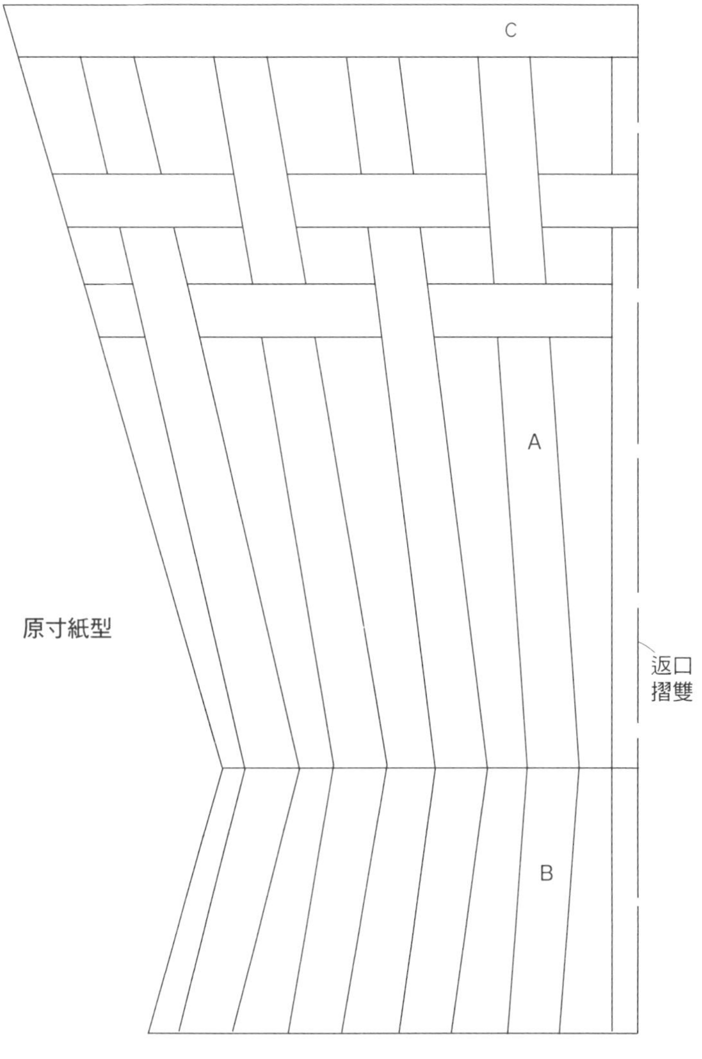
C
A
B
返口
摺雙

原寸紙型

側面

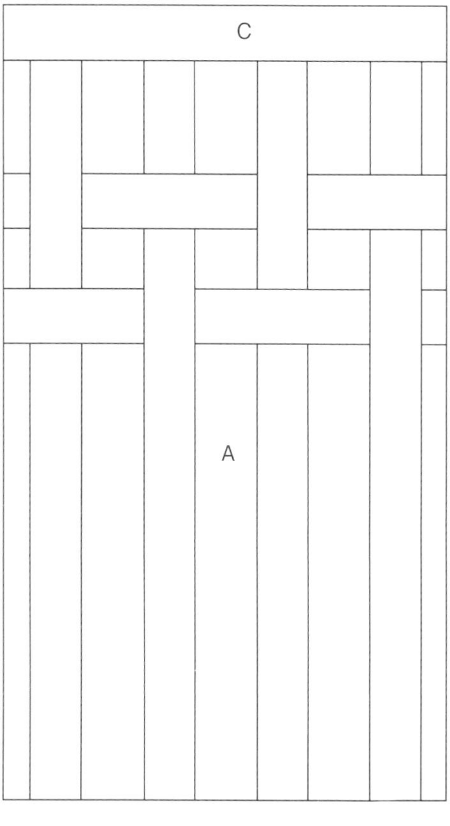
C
A

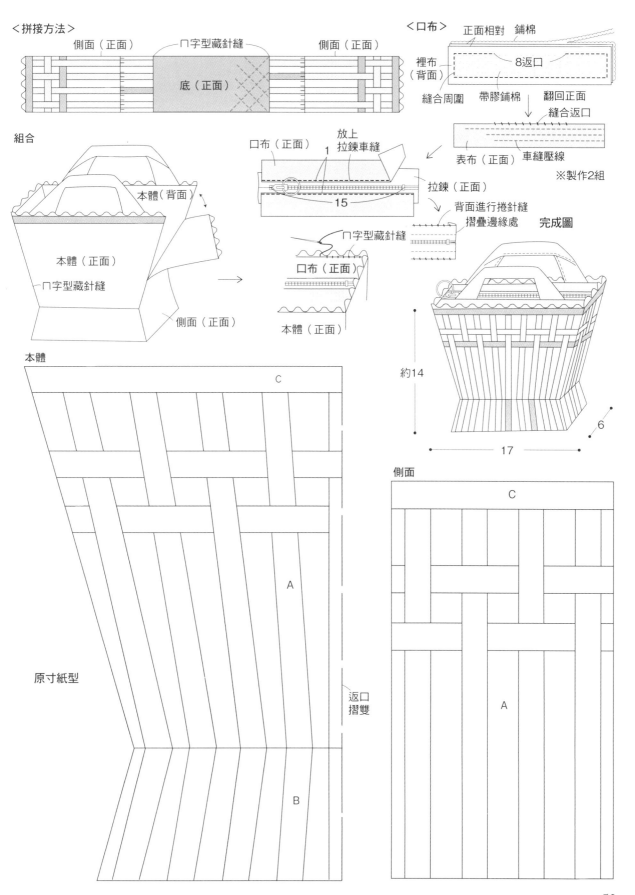

04 傘狀波奇包

作品……p.10

材料

拼接用布…淡灰色（含後片・裡布・貼邊・包釦）45×45cm・使用零碼布、鋪棉35×30cm、長10cm拉鍊1條、寬1.5cm織帶 5cm、內徑2.5cm的圓形環1個、直徑2cm的塑膠鈕釦1個、25號繡線各色適量

作法

1. 進行拼接及刺繡，製作6片前片表布。
2. 1與後片表布各自與裡布及鋪棉正面相對，預留返口後，縫合周圍。
3. 翻回正面，縫合返口，進行壓線。
4. 接合6片前片，中心縫合固定包釦。
5. 在後片的中央縫上貼邊，加上拉鍊。
6. 後片縫合固定織帶，與4正面相對，周圍進行捲針縫。

配置圖 前片（6片）

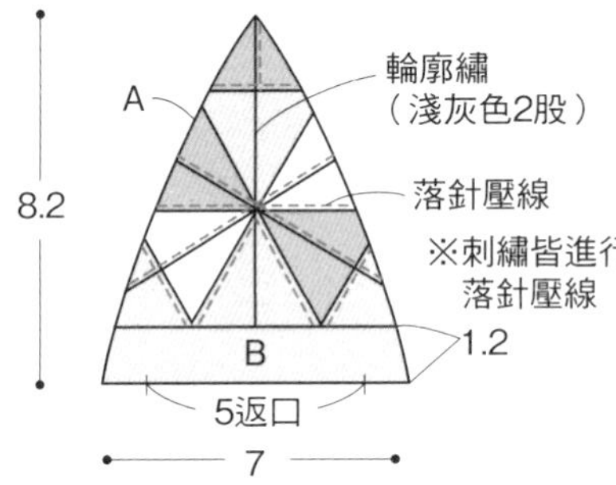
A
輪廓繡
（淺灰色2股）
落針壓線
8.2
※刺繡皆進行
落針壓線
B
1.2
5返口
7

包釦

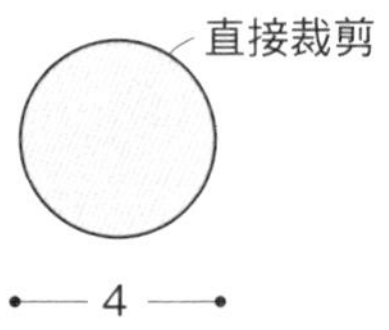
直接裁剪
4

後片

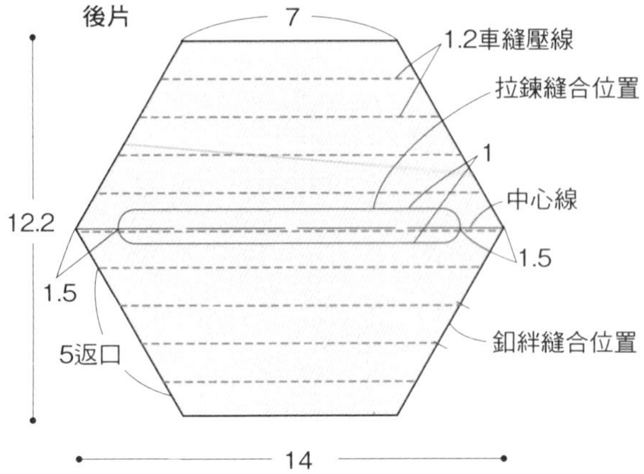
7
1.2車縫壓線
拉鍊縫合位置
1
中心線
12.2
1.5
1.5
5返口
釦絆縫合位置
14

貼邊

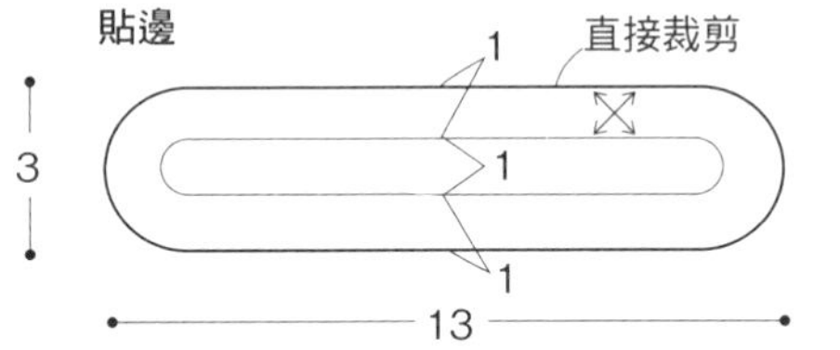
1
直接裁剪
3
1
1
13

原寸紙型

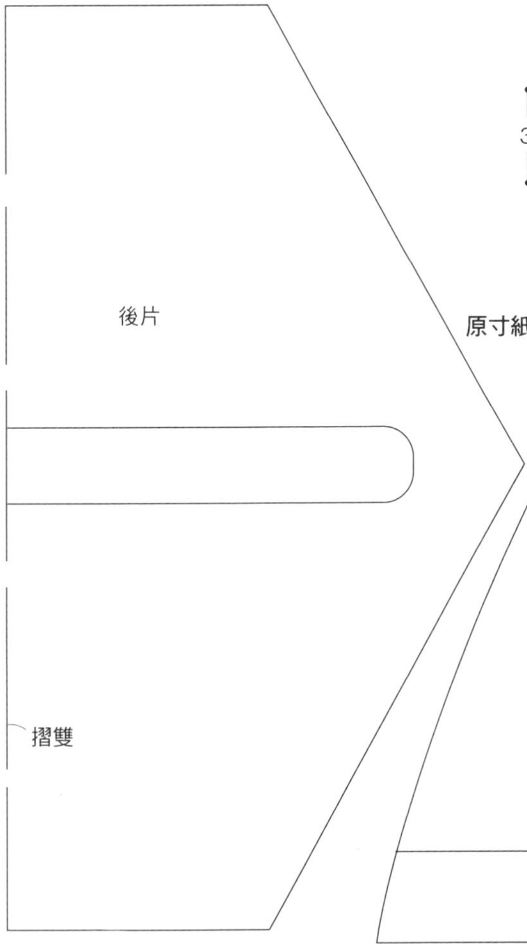
後片
摺雙

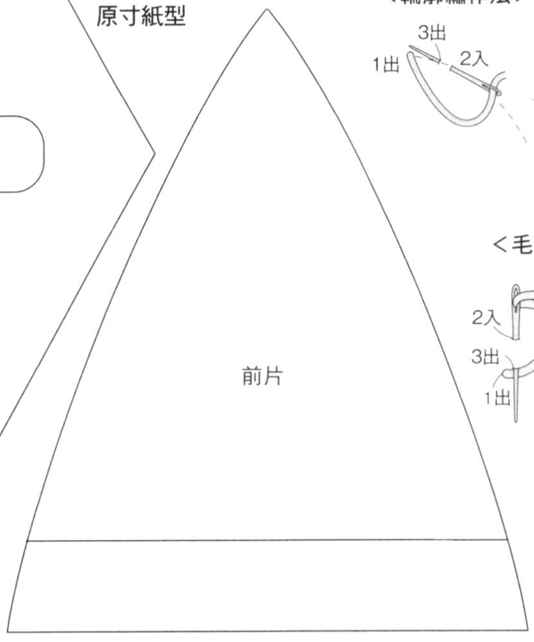
前片

<輪廓繡作法>

3出
1出
2入
3
重覆2至3

<毛毯繡>

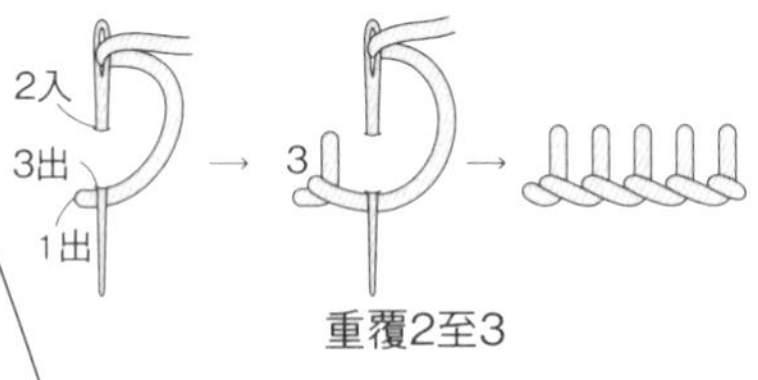
2入
3出
1出
3
重覆2至3

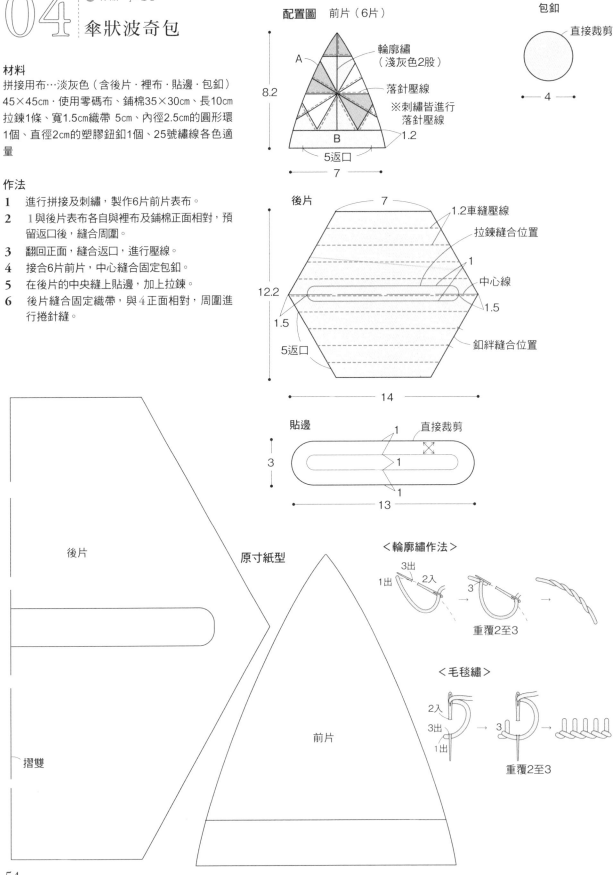

<前片>

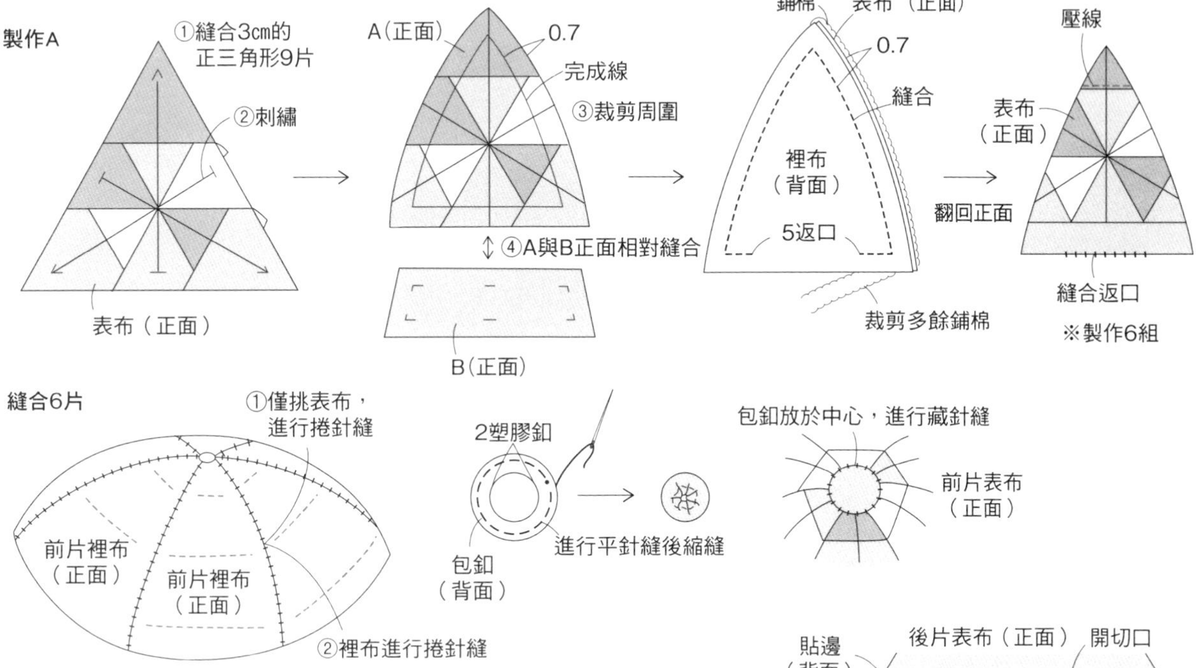
製作A
①縫合3cm的
正三角形9片
②刺繡
表布（正面）
A（正面）
0.7
完成線
③裁剪周圍
④A與B正面相對縫合
B（正面）
鋪棉
表布（正面）
0.7
縫合
裡布
（背面）
5返口
裁剪多餘鋪棉
翻回正面
壓線
表布
（正面）
縫合返口
※製作6組
縫合6片
①僅挑表布，
進行捲針縫
前片裡布
（正面）
前片裡布
（正面）
②裡布進行捲針縫
2塑膠釦
包釦
（背面）
進行平針縫後縮縫
包釦放於中心，進行藏針縫
前片表布
（正面）

<後片>

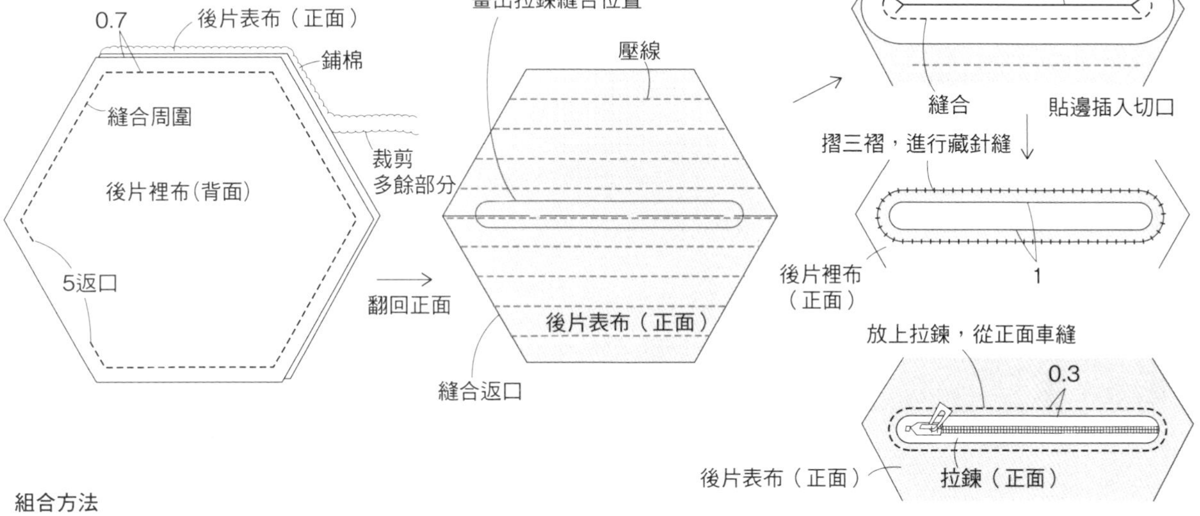
0.7
後片表布（正面）
鋪棉
縫合周圍
裁剪
多餘部分
後片裡布(背面)
5返口
翻回正面
畫出拉鍊縫合位置
壓線
後片表布（正面）
縫合返口
貼邊
（背面）
後片表布（正面）
開切口
縫合
貼邊插入切口
摺三褶，進行藏針縫
後片裡布
（正面）
1
放上拉鍊，從正面車縫
0.3
後片表布（正面）
拉鍊（正面）

組合方法

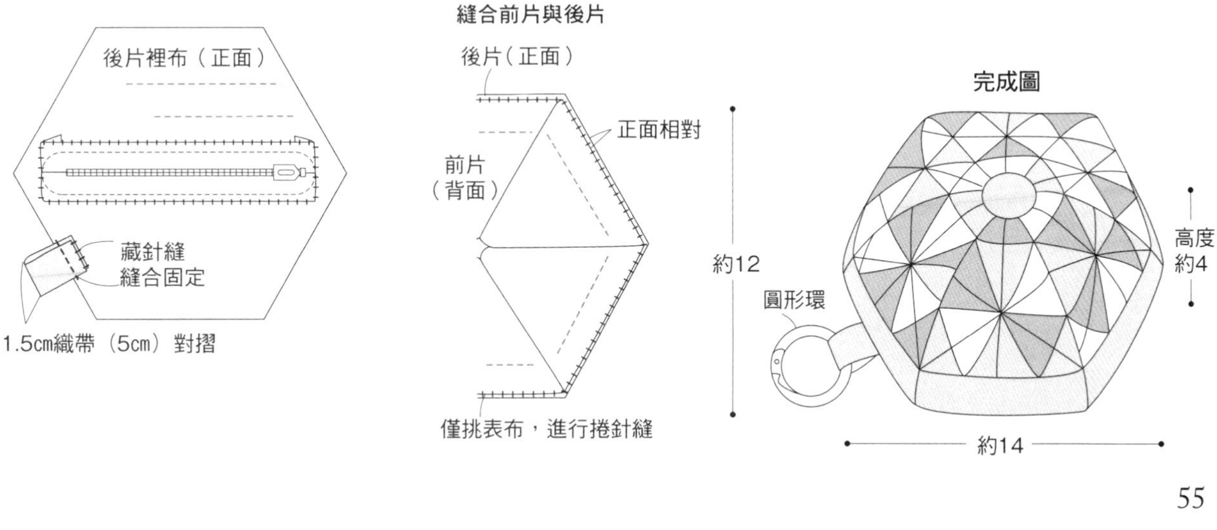
後片裡布（正面）
藏針縫
縫合固定
1.5cm織帶（5cm）對摺
縫合前片與後片
後片（正面）
正面相對
前片
（背面）
僅挑表布，進行捲針縫
完成圖
約12
高度
約4
圓形環
約14

05 茶杯波奇包

作品…p.12

材料

拼接用布…使用零碼布（含提把・拉鍊裝飾布・拉鍊尾布）、裡布・鋪棉各40×30cm、freestyle自由組合拉鍊50cm、拉鍊頭1個、鈕釦2個、縫份包邊用斜紋布、25號繡線各色適量

作法

1 進行貼布縫、刺繡、拼接，製作本體表布。
2 1與鋪棉及裡布重疊，進行壓線。
3 製作提把，暫時固定在2上。
4 本體正面相對，縫合脇邊及側身，處理縫份。
5 處理袋口縫份。
6 加上拉鍊，製作拉鍊裝飾。

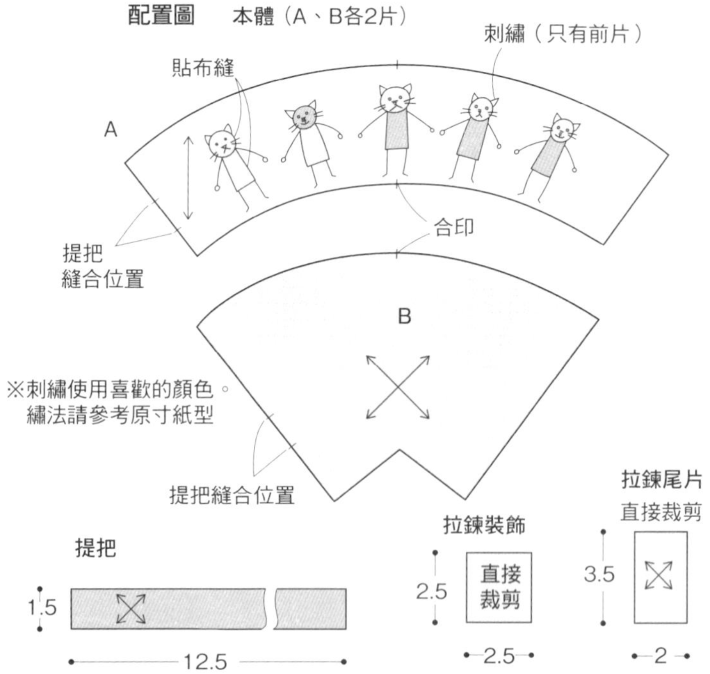

配置圖　本體（A、B各2片）
貼布縫
刺繡（只有前片）
A
合印
提把
縫合位置
B
※刺繡使用喜歡的顏色。
繡法請參考原寸紙型
提把縫合位置
拉鍊尾片
直接裁剪
拉鍊裝飾
直接裁剪
提把
1.5
12.5
2.5
2.5
3.5
2

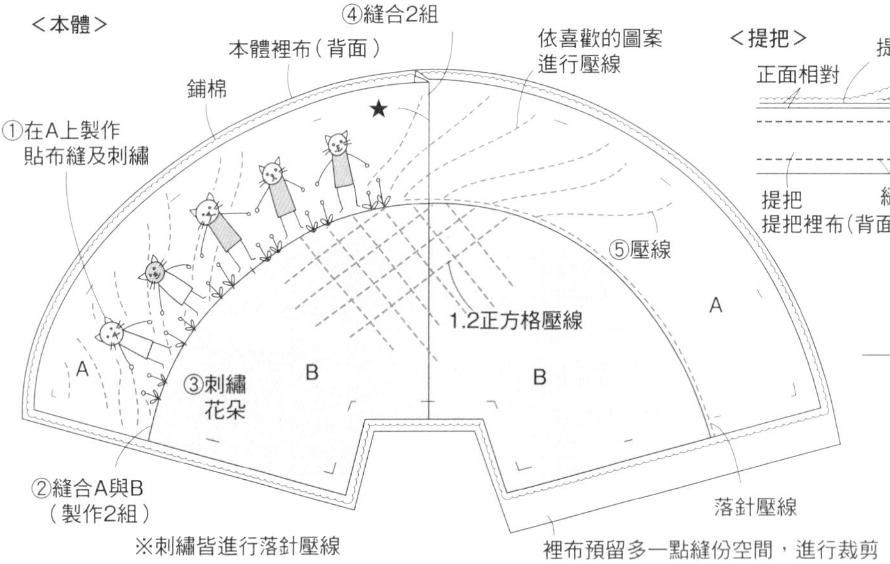

<本體>
④縫合2組
本體裡布（背面）
鋪棉
①在A上製作
貼布縫及刺繡
依喜歡的圖案
進行壓線
⑤壓線
1.2正方格壓線
A
B
③刺繡
花朵
B
A
②縫合A與B
（製作2組）
※刺繡皆進行落針壓線
落針壓線
裡布預留多一點縫份空間，進行裁剪

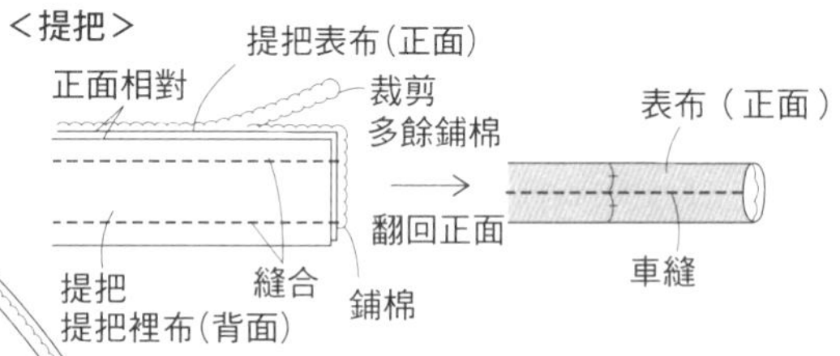

<提把>
提把表布（正面）
正面相對
裁剪
多餘鋪棉
表布（正面）
翻回正面
提把
提把裡布（背面）
縫合
鋪棉
車縫

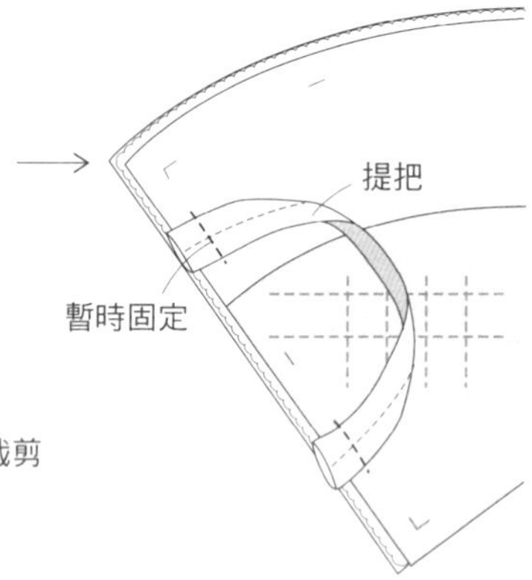

提把
暫時固定

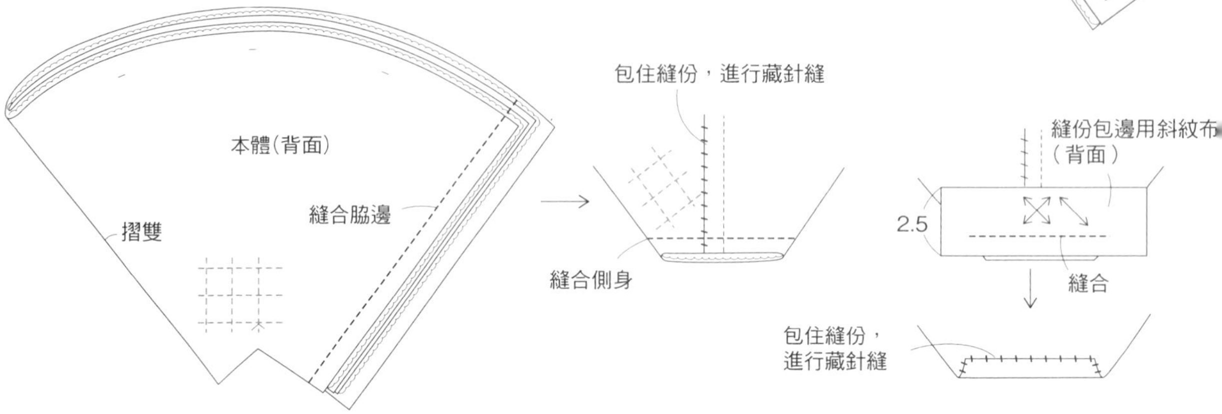

本體（背面）
縫合脇邊
摺雙
包住縫份，進行藏針縫
縫合側身
縫份包邊用斜紋布
（背面）
2.5
縫合
包住縫份，
進行藏針縫

袋口縫法

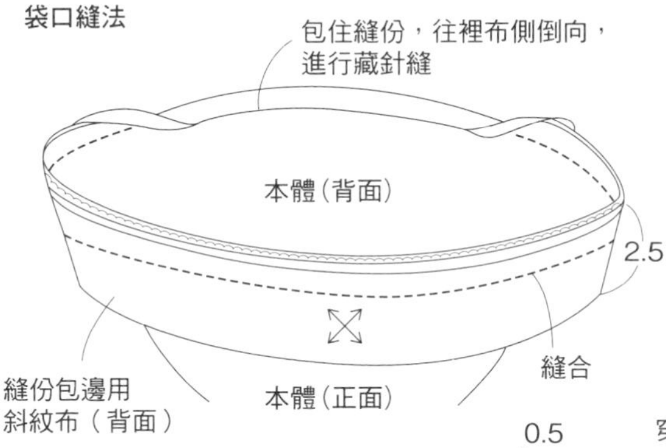
包住縫份，往裡布側倒向，
進行藏針縫
本體（背面）
2.5
縫份包邊用
斜紋布（背面）
本體（正面）
縫合

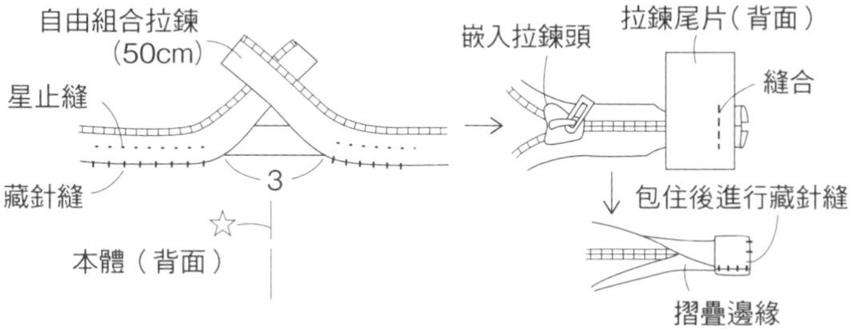
自由組合拉鍊
（50cm）
星止縫
藏針縫
3
本體（背面）
嵌入拉鍊頭
拉鍊尾片（背面）
縫合
包住後進行藏針縫
摺疊邊緣

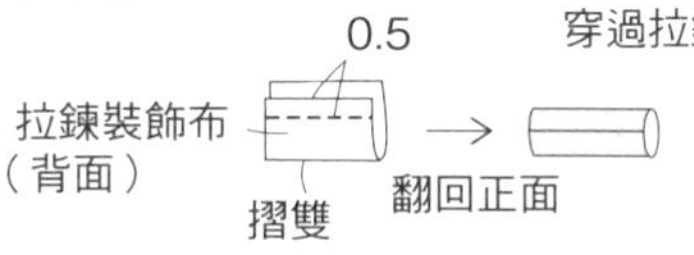
0.5
拉鍊裝飾布
（背面）
摺雙
翻回正面

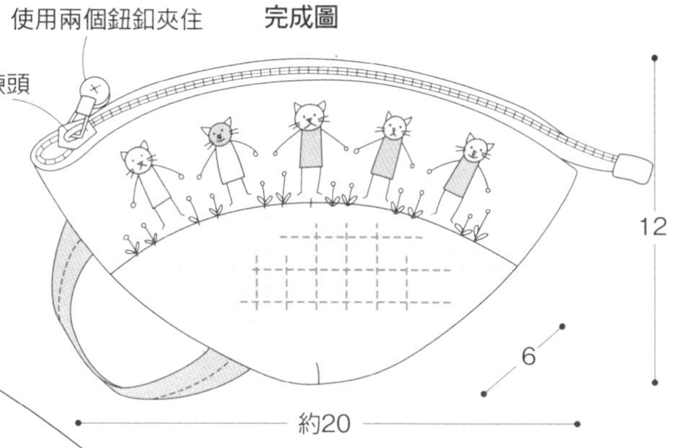
使用兩個鈕釦夾住
完成圖
穿過拉鍊頭
12
6
約20

原寸紙型

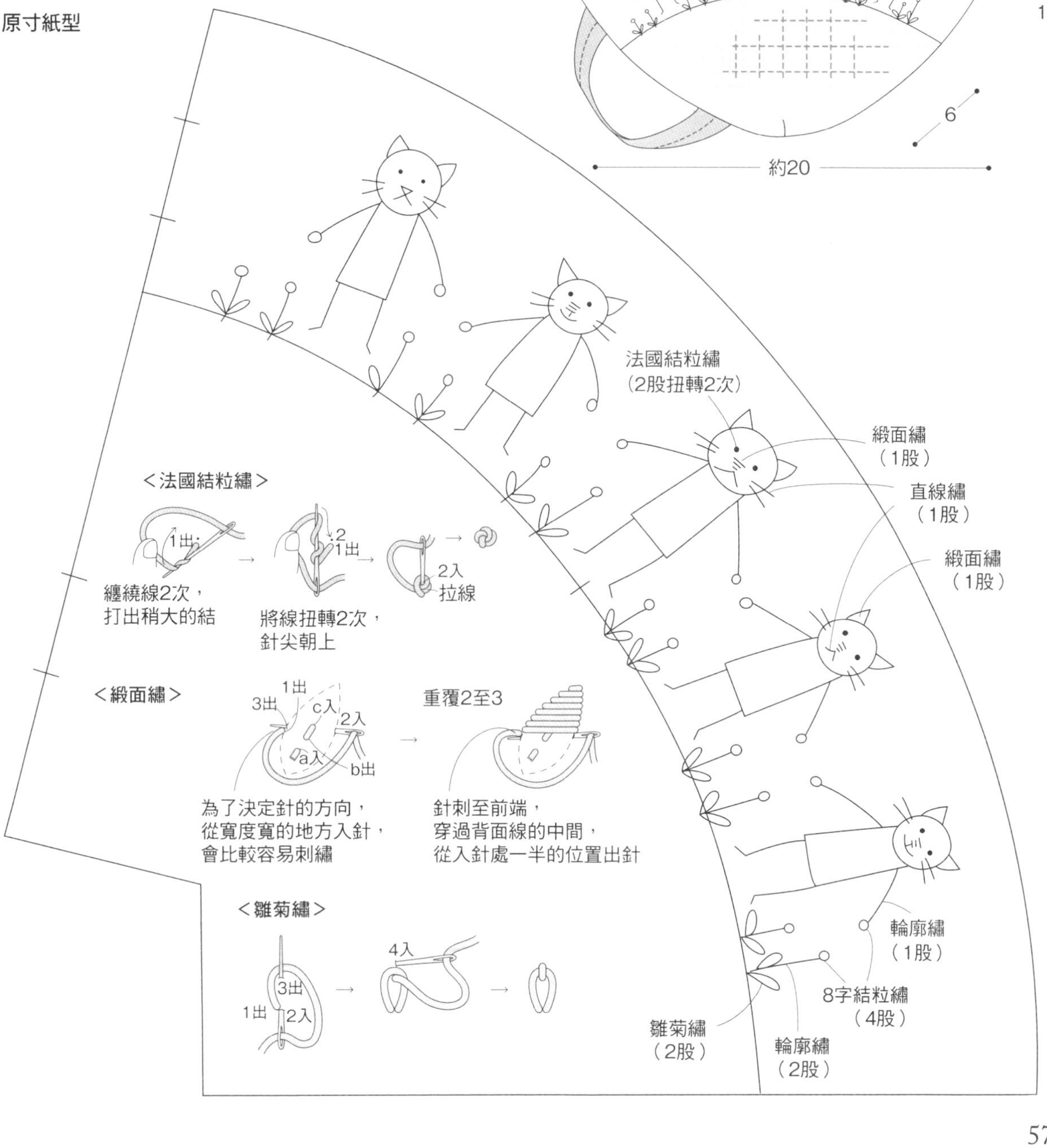
法國結粒繡
（2股扭轉2次）
緞面繡
（1股）
直線繡
（1股）
緞面繡
（1股）
輪廓繡
（1股）
8字結粒繡
（4股）
雛菊繡
（2股）
輪廓繡
（2股）
<法國結粒繡>
1出
2
1出
2入
拉線
纏繞線2次，
打出稍大的結
將線扭轉2次，
針尖朝上
<緞面繡>
1出
3出
c入
2入
a入
b出
重覆2至3
為了決定針的方向，
從寬度寬的地方入針，
會比較容易刺繡
針刺至前端，
穿過背面線的中間，
從入針處一半的位置出針
<雛菊繡>
3出
1出
2入
4入

06 附提把波奇包

作品……p. 14

材料

底布…25×15㎝、貼布縫用布…使用零碼布、裡布（含側身） 35×25㎝、鋪棉25×15㎝、freestyle自由組合拉鍊32㎝、拉鍊頭1個、寬0.5㎝的平織帶10㎝、肩背帶1條、帶膠鋪棉．25號繡線各色適量

作法

1 在底布進行貼布縫及刺繡，製作本體表布。
2 將1與裡布及鋪棉重疊，預留返口，縫合周圍。此時夾入釦絆。
3 翻回正面，縫合返口，進行壓線。
4 縫合拉鍊。
5 製作側身，對摺。
6 在本體內側加上側身。
7 加裝肩背帶。

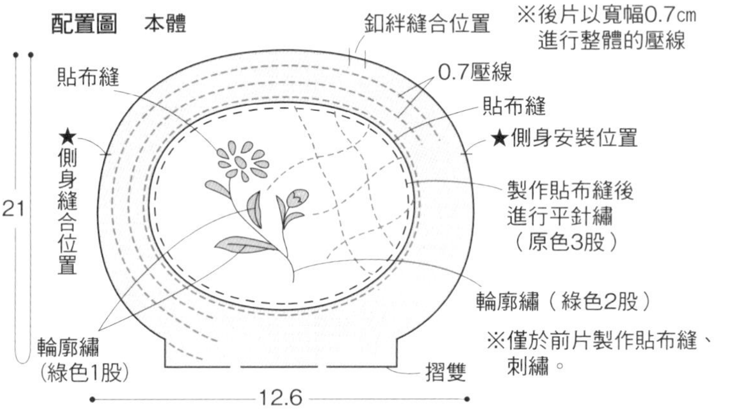
配置圖　本體
釦絆縫合位置
※後片以寬幅0.7㎝
進行整體的壓線
貼布縫
0.7壓線
貼布縫
★側身安裝位置
★側身縫合位置
21
製作貼布縫後
進行平針繡
（原色3股）
輪廓繡（綠色2股）
輪廓繡
（綠色1股）
※僅於前片製作貼布縫、刺繡。
摺雙
12.6

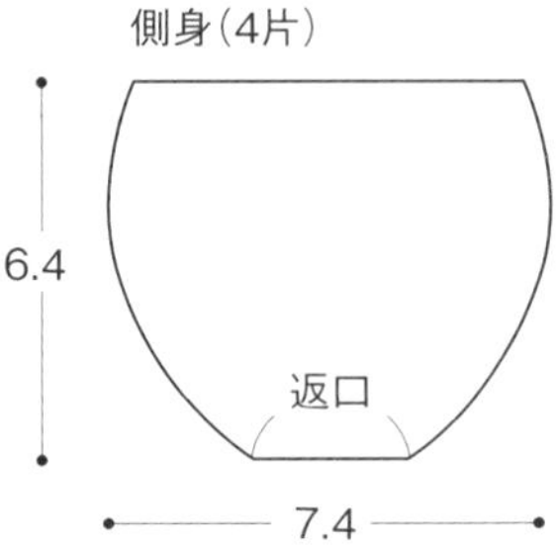
側身（4片）
6.4
返口
7.4

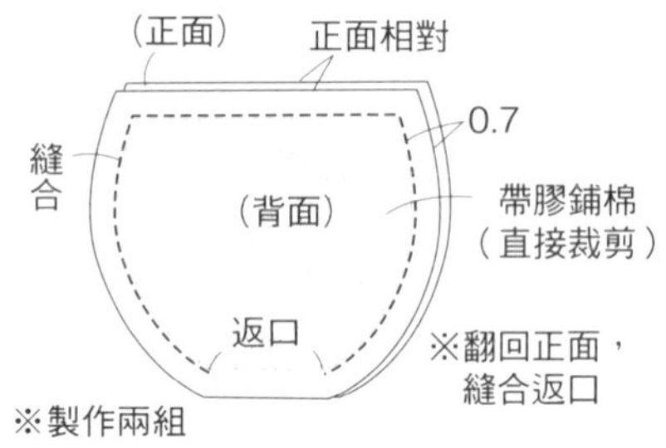
（正面）
正面相對
0.7
縫合
（背面）
帶膠鋪棉
（直接裁剪）
返口
※翻回正面，
縫合返口
※製作兩組

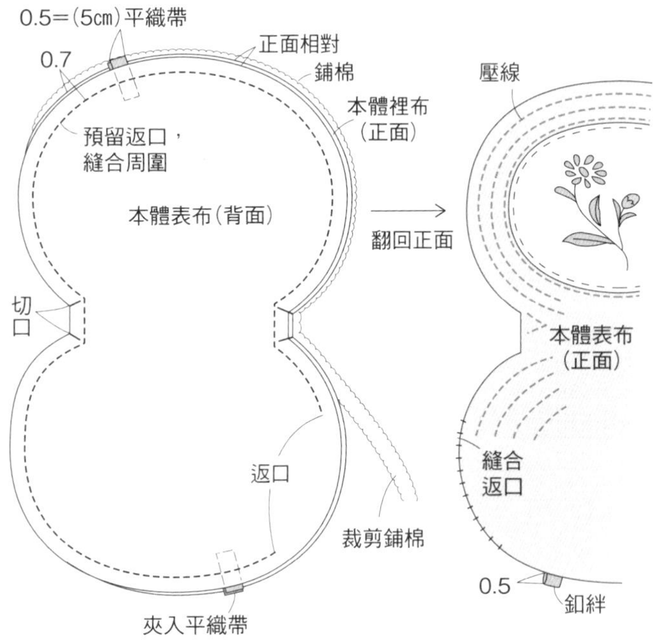
0.5=（5㎝）平織帶
0.7
正面相對
鋪棉
本體裡布
（正面）
預留返口，
縫合周圍
本體表布（背面）
翻回正面
切口
返口
裁剪鋪棉
夾入平織帶
壓線
本體表布
（正面）
縫合
返口
0.5
釦絆

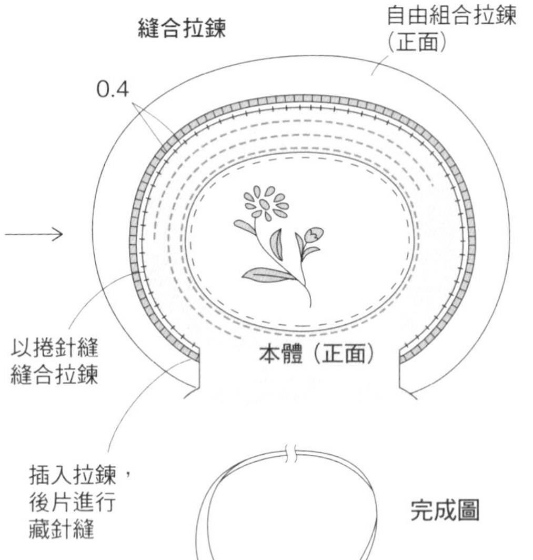
縫合拉鍊
自由組合拉鍊
（正面）
0.4
以捲針縫
縫合拉鍊
本體（正面）
插入拉鍊，
後片進行
藏針縫

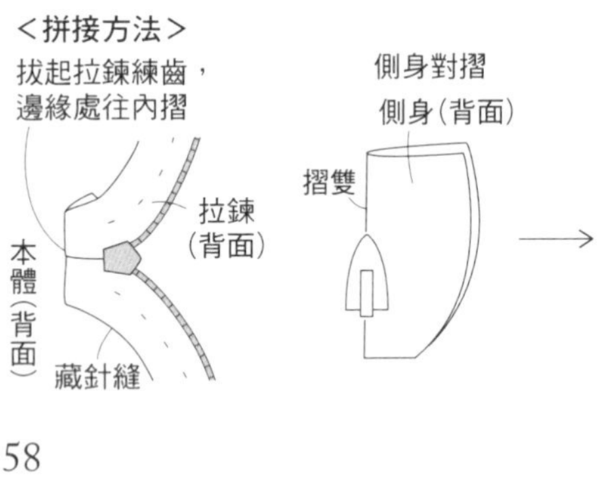
<拼接方法>
拔起拉鍊鍊齒，
邊緣處往內摺
拉鍊
（背面）
本體
（背面）
藏針縫
側身對摺
側身（背面）
摺雙

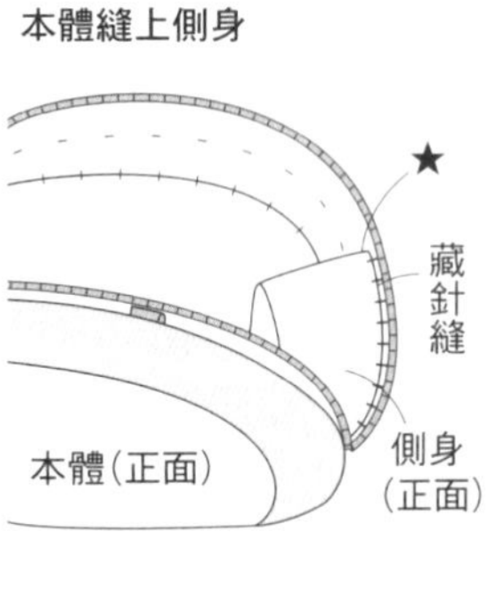
本體縫上側身
★
藏針縫
本體（正面）
側身
（正面）

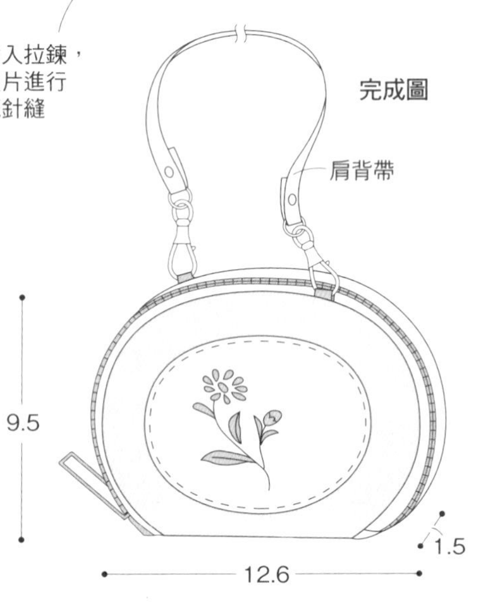
完成圖
肩背帶
9.5
1.5
12.6

原寸紙型 06

附提把波奇包

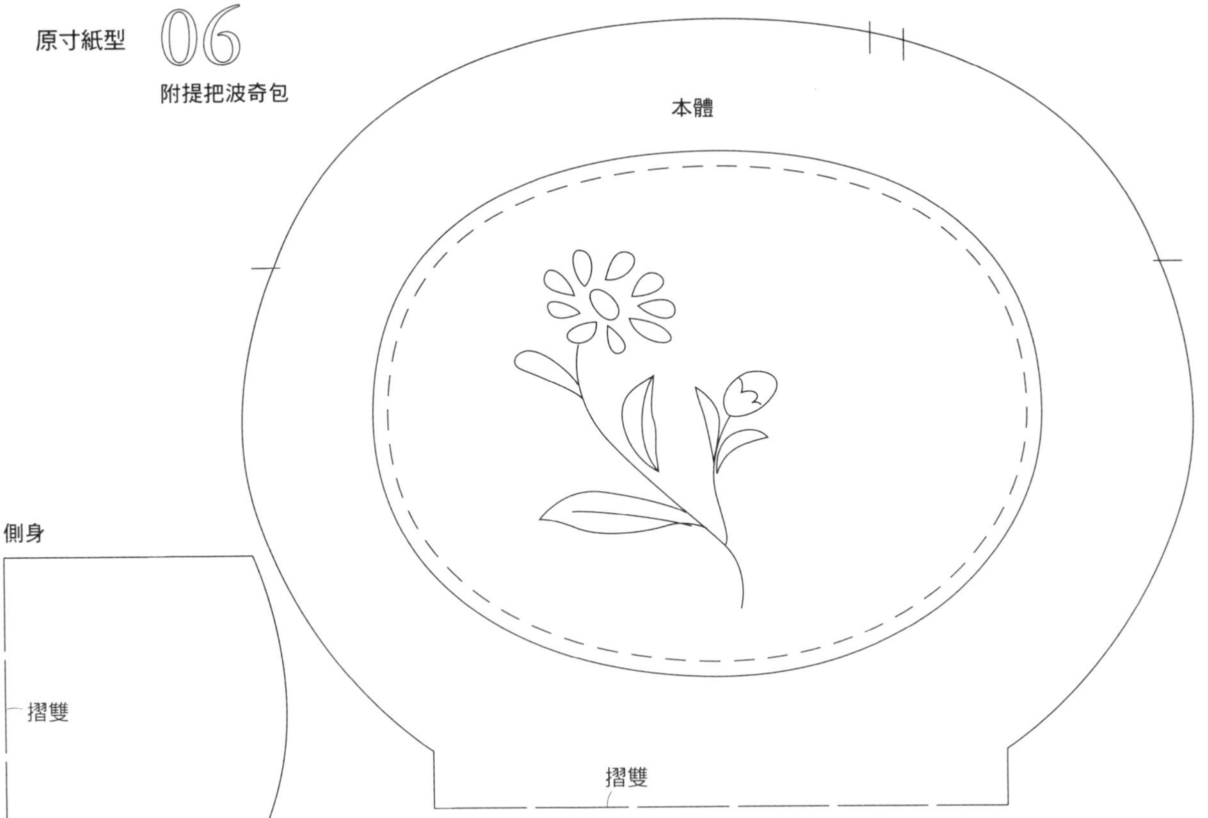

紙型 13

筆袋

※放大200%使用

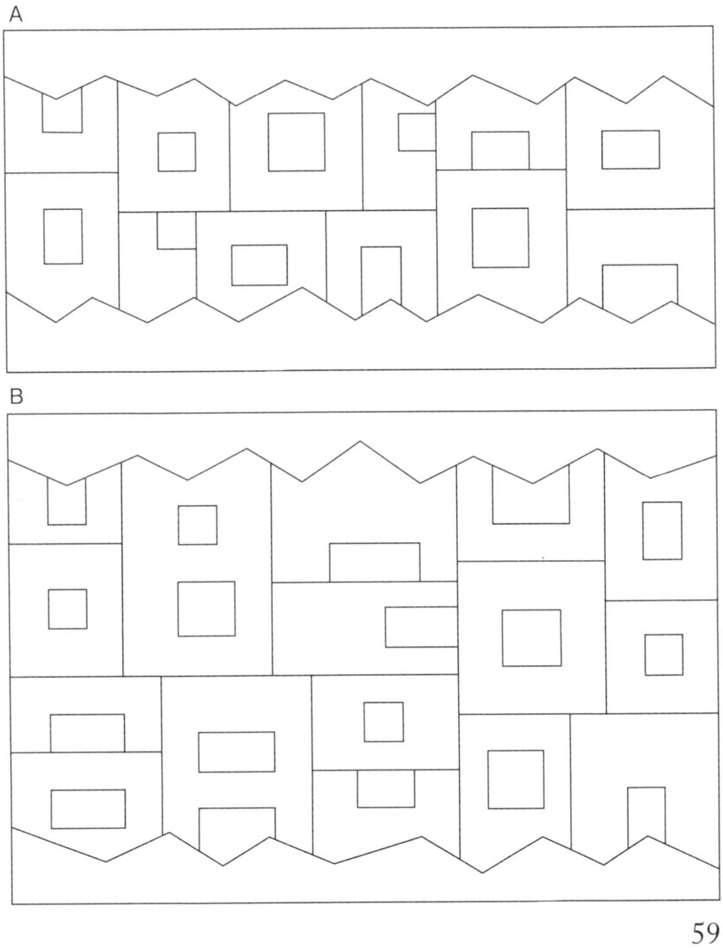

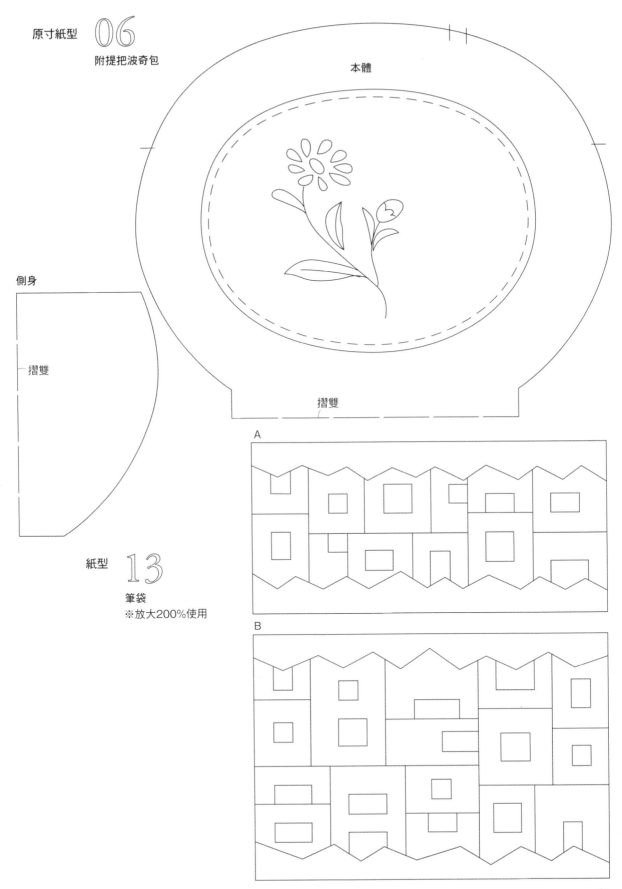

07 天空藍波奇包

作品……p.15

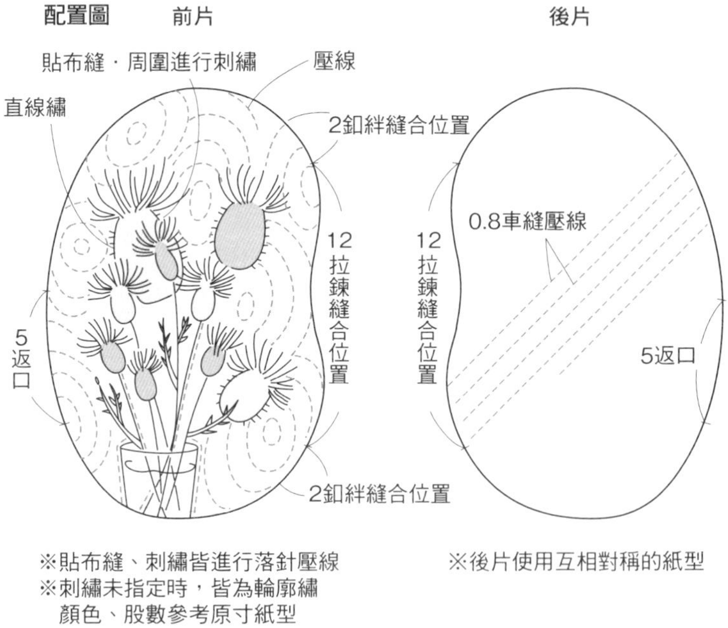
配置圖
前片
後片
貼布縫．周圍進行刺繡
壓線
直線繡
2釦絆縫合位置
12拉鍊縫合位置
5返口
0.8車縫壓線
12拉鍊縫合位置
5返口
2釦絆縫合位置
※貼布縫、刺繡皆進行落針壓線
※刺繡未指定時，皆為輪廓繡
顏色、股數參考原寸紙型
※後片使用互相對稱的紙型

材料

底布．後片…各25×20cm、貼布縫用布…使用零碼布、裡布．補強布．鋪棉各40×25cm、帶膠鋪棉25×20cm、長12cm拉鍊1條、寬0.5cm平織帶2種類各12cm、極細蠟繩15cm、裝飾圓珠1個、25號繡線各色適量

作法

1 底布進行貼布縫、刺繡，製作前片表布。
2 1與後片表布重疊上鋪棉及補強布後，進行壓線。
3 2與裡布正面相對後，預留返口，縫合周圍。
4 翻回正面，縫合返口，加裝拉鍊。
5 前後片正面相對，周圍進行捲針縫。
6 製作釦絆、拉鍊裝飾。

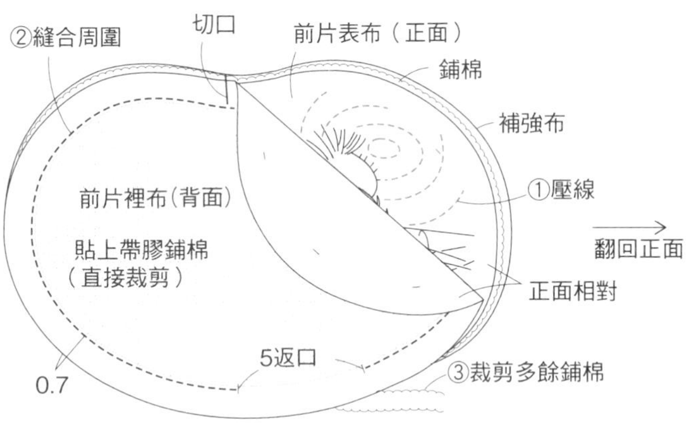
②縫合周圍
切口
前片表布（正面）
鋪棉
補強布
前片裡布（背面）
①壓線
貼上帶膠鋪棉
（直接裁剪）
正面相對
5返口
0.7
③裁剪多餘鋪棉
翻回正面
※後片以相同方式製作

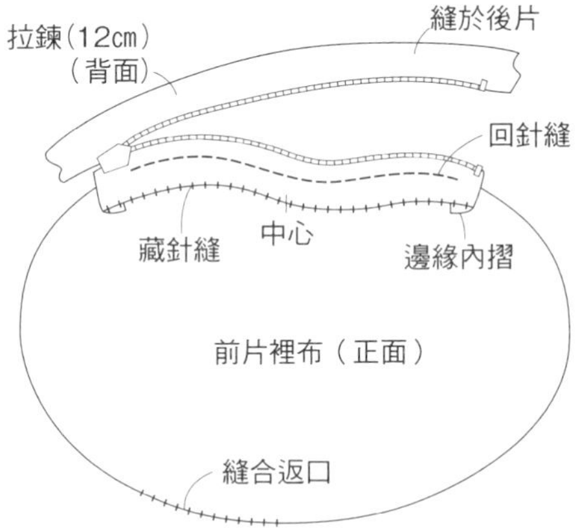
拉鍊（12cm）
（背面）
縫於後片
回針縫
藏針縫
中心
邊緣內摺
前片裡布（正面）
縫合返口

＜拼接方法＞

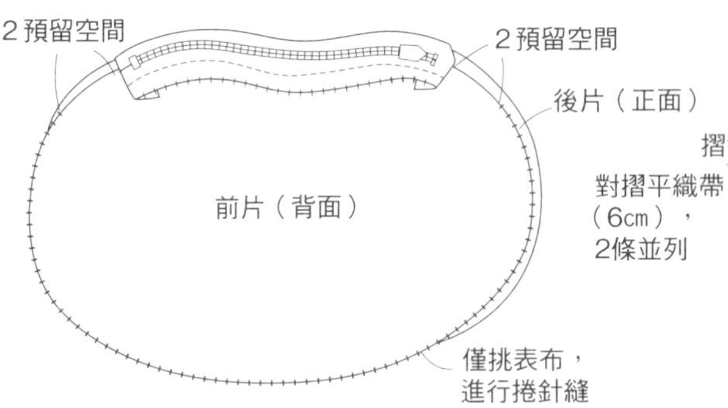
2預留空間
2預留空間
後片（正面）
前片（背面）
僅挑表布，
進行捲針縫

加上釦絆

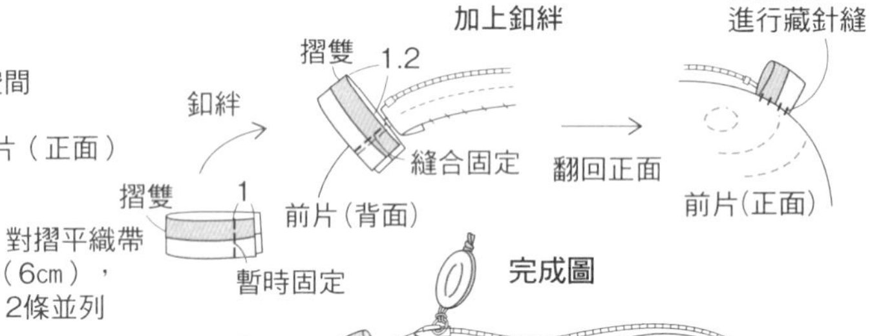
拉起釦絆，
進行藏針縫
摺雙
1.2
釦絆
縫合固定
翻回正面
前片（背面）
前片（正面）
摺雙
1
對摺平織帶
（6cm），
2條並列
暫時固定

完成圖

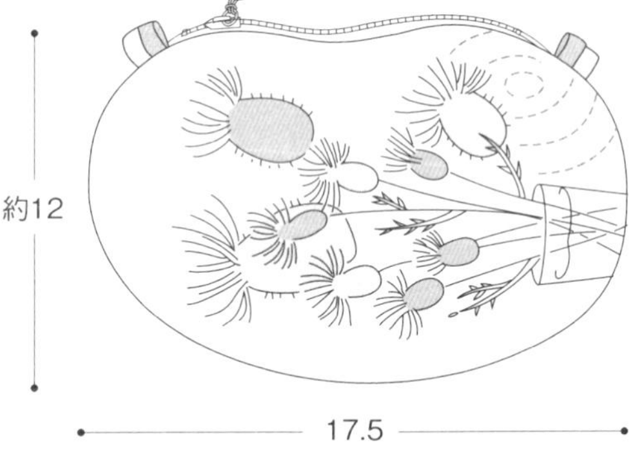
約12
17.5

＜拉鍊裝飾＞

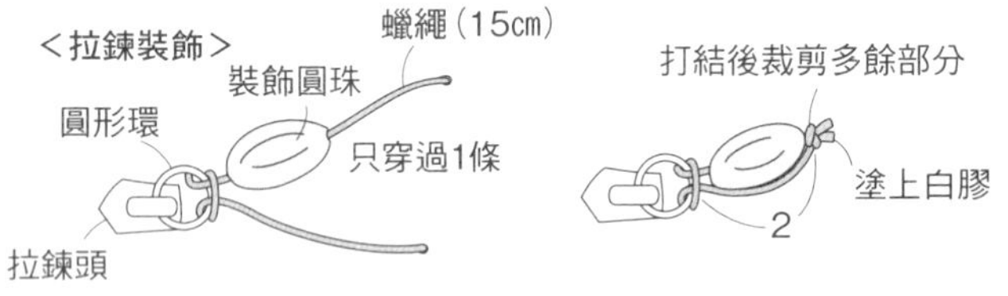
蠟繩（15cm）
裝飾圓珠
圓形環
只穿過1條
拉鍊頭
打結後裁剪多餘部分
塗上白膠
2

原寸紙型

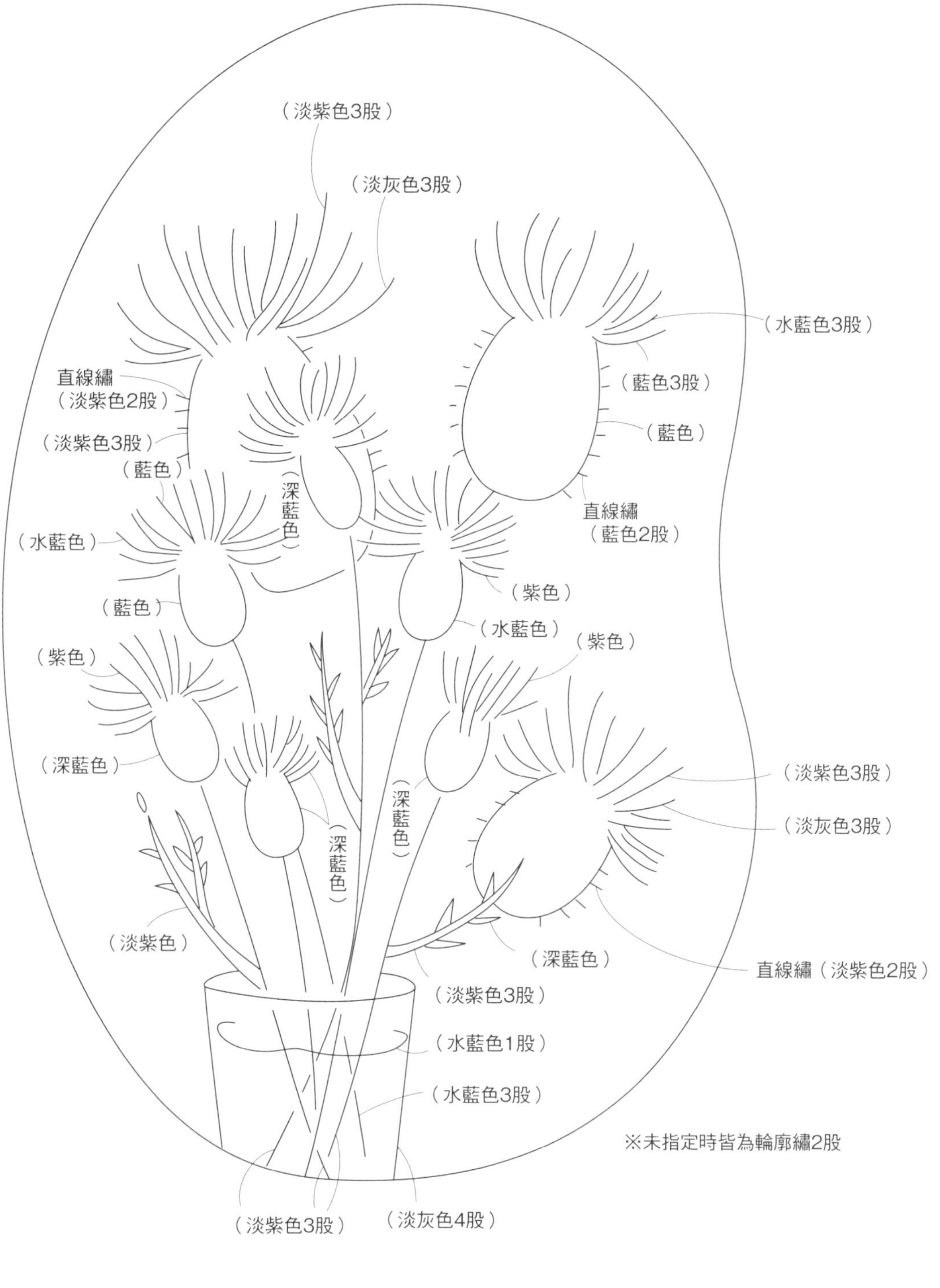
（淡紫色3股）
（淡灰色3股）
（水藍色3股）
直線繡
（淡紫色2股）
（藍色3股）
（淡紫色3股）
（藍色）
（藍色）
（深藍色）
直線繡
（藍色2股）
（水藍色）
（紫色）
（藍色）
（水藍色）
（紫色）
（紫色）
（深藍色）
（淡紫色3股）
（深藍色）
（淡灰色3股）
（深藍色）
（淡紫色）
（深藍色）
直線繡（淡紫色2股）
（淡紫色3股）
（水藍色1股）
（水藍色3股）
（淡紫色3股）
（淡灰色4股）

※未指定時皆為輪廓繡2股

<輪廓繡>

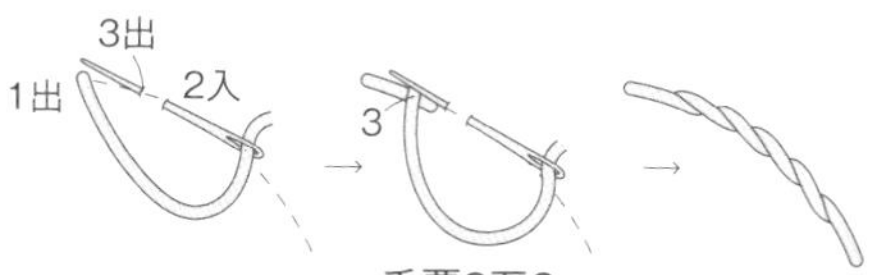
3出
1出
2入
3
重覆2至3

08 花朵波奇包

作品—p.16

材料

底布・後片…40×25cm、貼布縫用布…使用零碼布、底部・釦絆…20×20cm、裡布（含內底部）・鋪棉各40×40cm、補強布15×10cm、滾邊布（斜紋布）3.5×50cm、長20cm拉鍊1條、附D形環的肩背帶1組、帶膠鋪棉・奇異襯、25號繡線各色各適量

作法

1. 底布進行貼布縫、刺繡，製作前片表布。
2. 1與後布表布、底部表布各自重疊鋪棉及裡布（底部為補強布），進行壓線。
3. 本體袋口進行滾邊後，縫上拉鍊。
4. 與3正面相對，縫合脇邊，縫份用裡布包邊。
5. 本體與底布正面相對縫合，製作內底部，進行藏針縫。
6. 袋口處抓出三角形，縫上釦絆，加裝肩背帶。

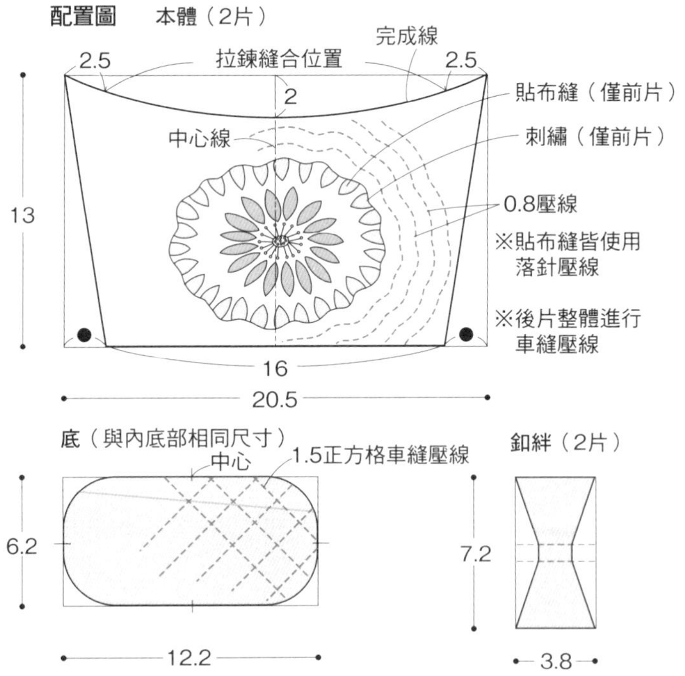
配置圖
本體（2片）
完成線
2.5
拉鍊縫合位置
2.5
2
貼布縫（僅前片）
中心線
刺繡（僅前片）
13
0.8壓線
※貼布縫皆使用落針壓線
※後片整體進行車縫壓線
16
20.5
底（與內底部相同尺寸）
中心
1.5正方格車縫壓線
6.2
12.2
釦絆（2片）
7.2
3.8

原寸紙型

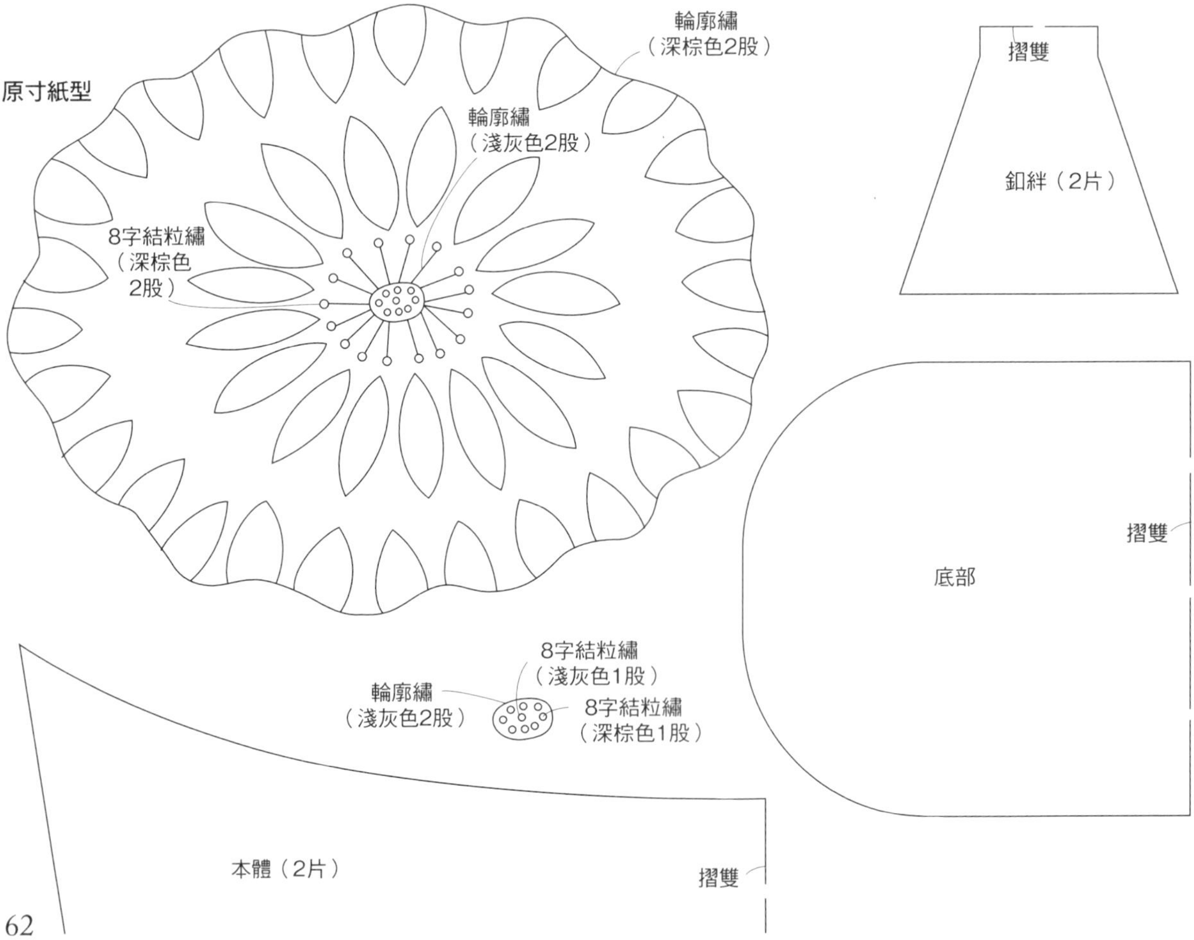
輪廓繡
（深棕色2股）
輪廓繡
（淺灰色2股）
8字結粒繡
（深棕色
2股）
摺雙
釦絆（2片）
摺雙
底部
8字結粒繡
（淺灰色1股）
輪廓繡
（淺灰色2股）
8字結粒繡
（深棕色1股）
本體（2片）
摺雙

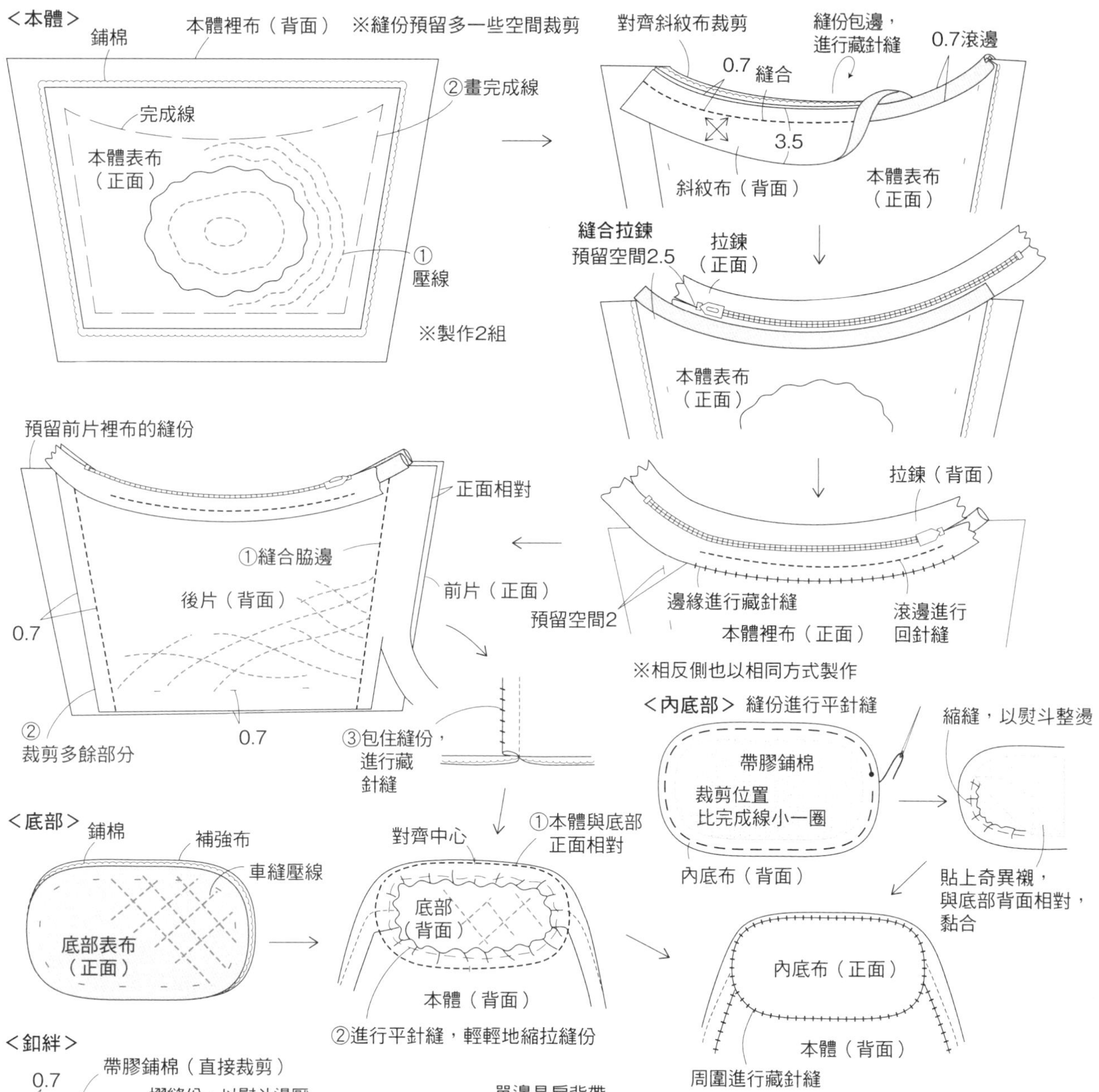
<本體>
鋪棉
本體裡布（背面）
※縫份預留多一些空間裁剪
②畫完成線
完成線
本體表布
（正面）
①
壓線
※製作2組
對齊斜紋布裁剪
縫份包邊，
進行藏針縫
0.7滾邊
0.7
縫合
3.5
斜紋布（背面）
本體表布
（正面）
縫合拉鍊
預留空間2.5
拉鍊
（正面）
本體表布
（正面）
拉鍊（背面）
邊緣進行藏針縫
滾邊進行
回針縫
預留空間2
本體裡布（正面）
※相反側也以相同方式製作
預留前片裡布的縫份
正面相對
①縫合脇邊
後片（背面）
前片（正面）
0.7
0.7
②
裁剪多餘部分
③包住縫份，
進行藏
針縫
<內底部>
縫份進行平針縫
縮縫，以熨斗整燙
帶膠鋪棉
裁剪位置
比完成線小一圈
內底布（背面）
貼上奇異襯，
與底部背面相對，
黏合
<底部>
鋪棉
補強布
車縫壓線
底部表布
（正面）
對齊中心
①本體與底部
正面相對
底部
（背面）
本體（背面）
②進行平針縫，輕輕地縮拉縫份
內底布（正面）
本體（背面）
周圍進行藏針縫

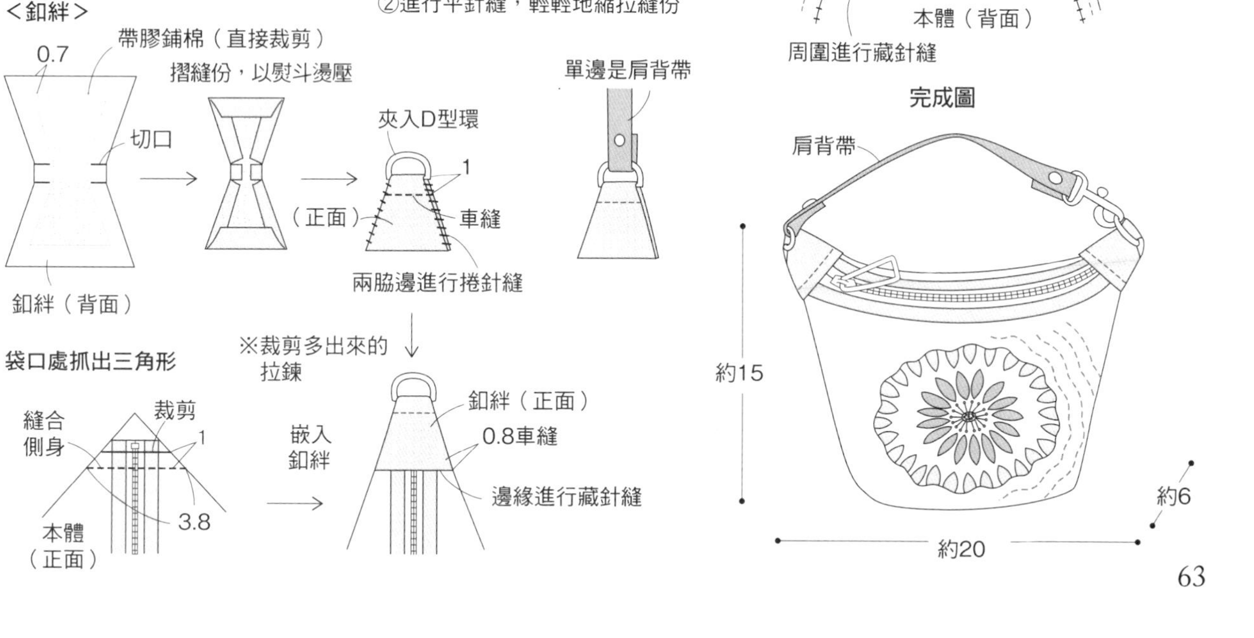
<釦絆>
0.7
帶膠鋪棉（直接裁剪）
摺縫份，以熨斗燙壓
切口
釦絆（背面）
夾入D型環
1
（正面）
車縫
兩脇邊進行捲針縫
單邊是肩背帶
袋口處抓出三角形
※裁剪多出來的
拉鍊
縫合
側身
裁剪
1
3.8
本體
（正面）
嵌入
釦絆
釦絆（正面）
0.8車縫
邊緣進行藏針縫
完成圖
肩背帶
約15
約6
約20

作品……p. 18

09 橄欖眼鏡盒

材料

厚羊毛布20×15cm、寬3cm的黑色魔鬼氈5cm、寬1.6cm的黑色彈性織帶5cm、25號繡線各色適量

作法

1 在粗裁的厚羊毛布上，畫上圖案，進行刺繡。
2 裁布。
3 內側縫上魔鬼氈。
4 暫時固定彈性織帶。
5 正面相對對摺，從記號處縫至記號處。
6 裁齊縫份，翻回正面。

配置圖 ※直接裁剪

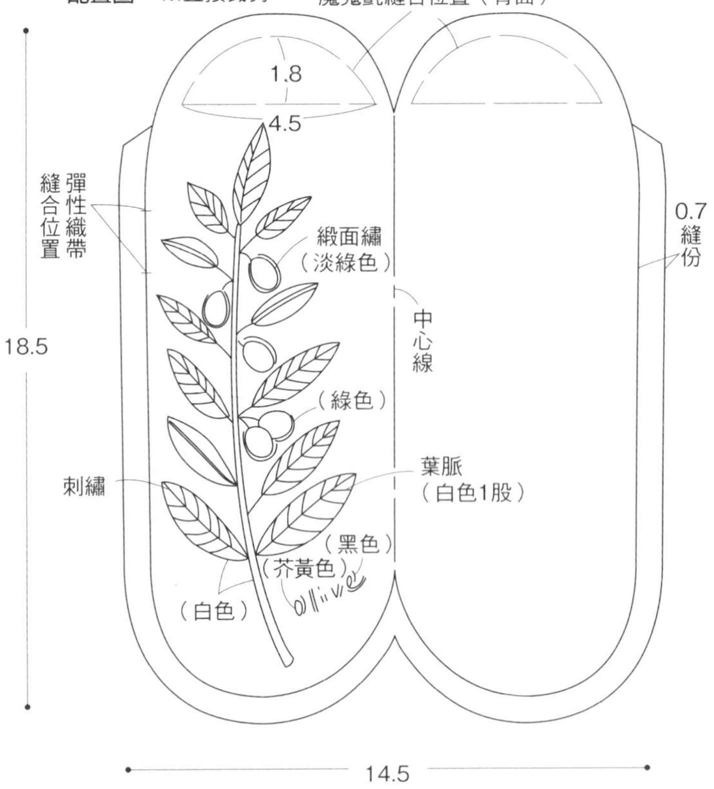
魔鬼氈縫合位置（背面）
1.8
4.5
彈性織帶縫合位置
0.7 縫份
緞面繡（淡綠色）
中心線
18.5
（綠色）
刺繡
葉脈（白色1股）
（黑色）
（芥黃色）
（白色）
olive
14.5

※請放大200%作為原寸紙型使用
※刺繡方法未指定時，皆為輪廓繡2股線

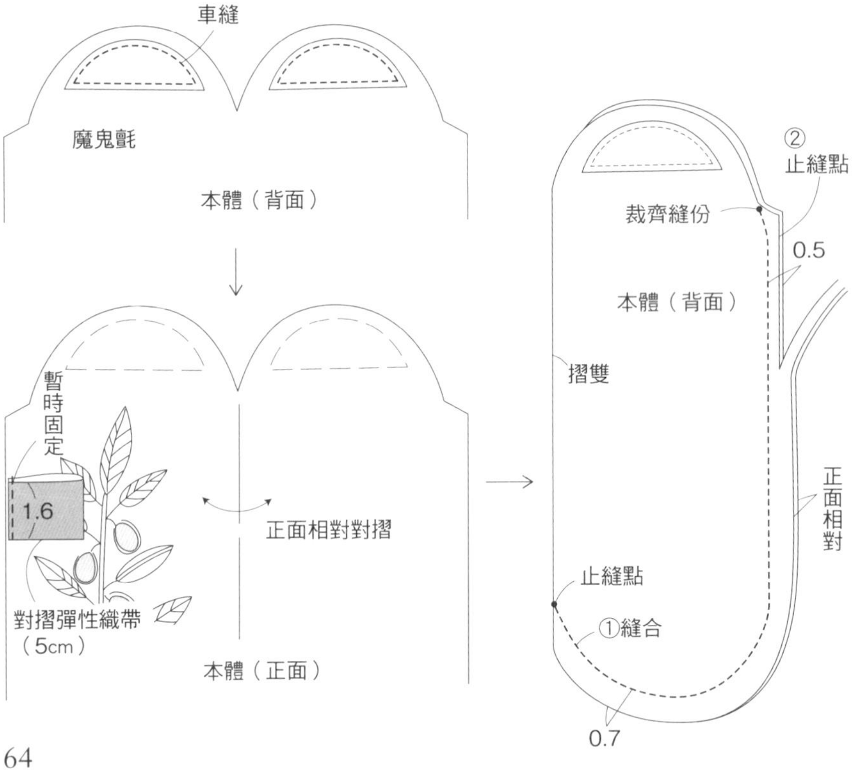
車縫
魔鬼氈
本體（背面）
暫時固定
1.6
正面相對對摺
對摺彈性織帶（5cm）
本體（正面）
②止縫點
裁齊縫份
0.5
本體（背面）
摺雙
正面相對
止縫點
①縫合
0.7

完成圖

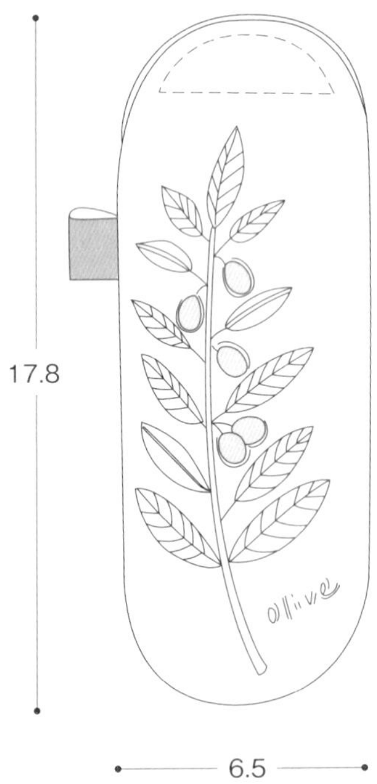
17.8
olive
6.5

13 筆袋

作品……p.25

材料（1件的用量）

拼接・貼布縫用布…使用零碼布（含斜紋布）、裡布・鋪棉各（A）25×15cm（B）25×20cm、縫份包邊用斜紋布…3×30cm、freestyle自由組合拉鍊40cm、拉鍊頭1個、25號繡線各色適量

作法

1 進行拼接、貼布縫、刺繡，製作表布。
2 1與裡布及鋪棉正面相對，縫合上下邊。
3 翻回正面，進行壓線。
4 上下邊縫上拉鍊。
5 插入拉鍊頭，背面相對，縫合脇邊，以斜紋布進行縫份包邊。
5 縫合側身，以斜紋布包邊。

★紙型p.59

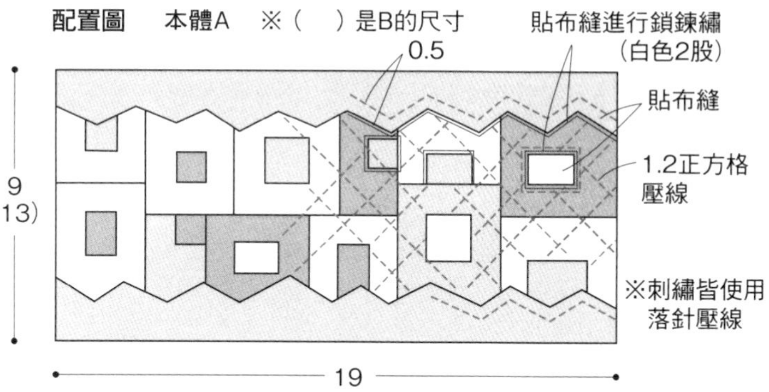

配置圖
本體A ※（ ）是B的尺寸
貼布縫進行鎖鍊繡
（白色2股）
0.5
貼布縫
1.2正方格
壓線
9
（13）
※刺繡皆使用
落針壓線
19

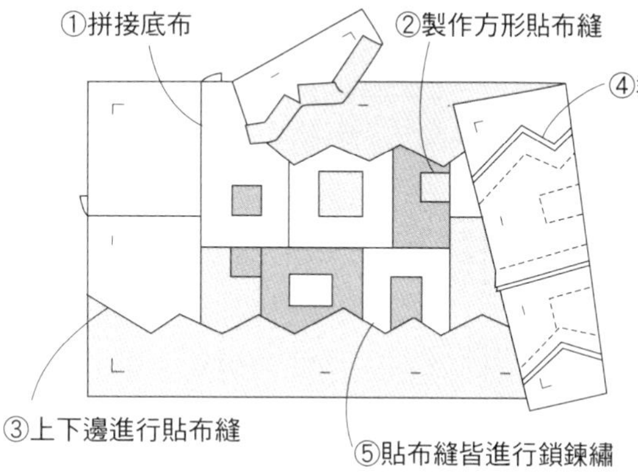

①拼接底布
②製作方形貼布縫
④裁剪多餘底布
③上下邊進行貼布縫
⑤貼布縫皆進行鎖鍊繡

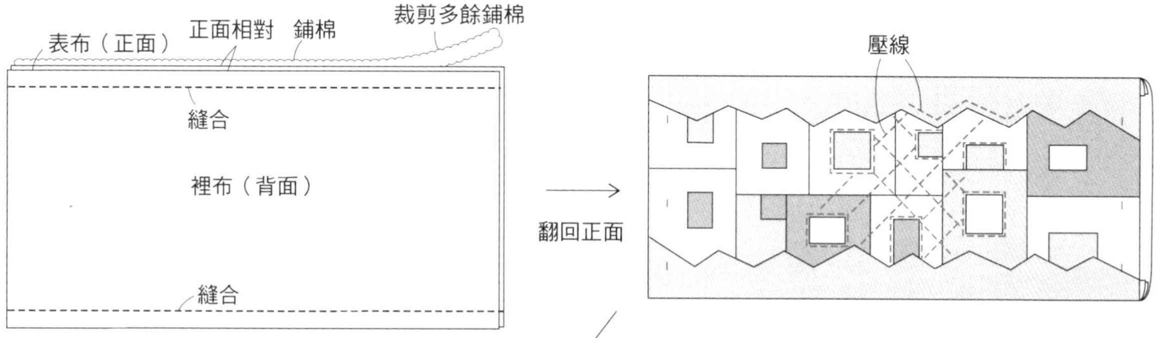

表布（正面）
正面相對
鋪棉
裁剪多餘鋪棉
縫合
裡布（背面）
縫合
翻回正面
壓線

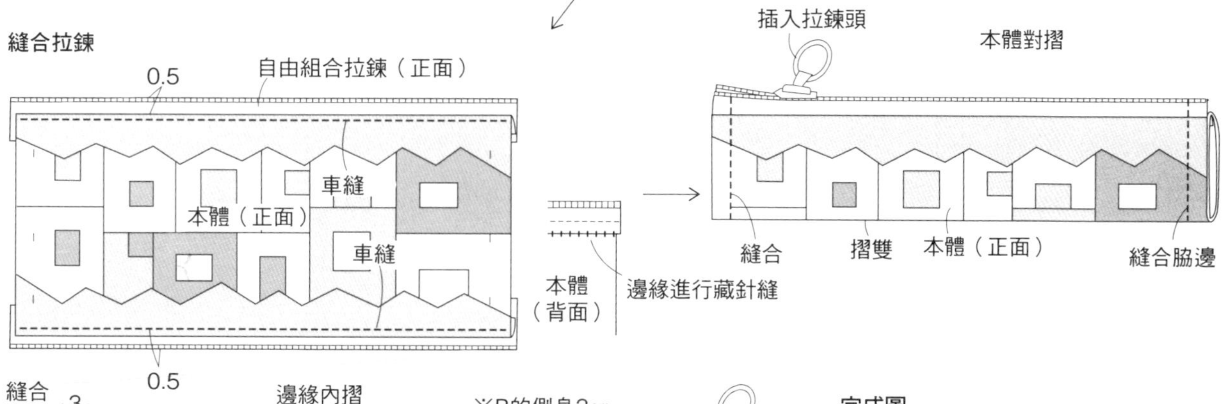

縫合拉鍊
0.5
自由組合拉鍊（正面）
車縫
本體（正面）
車縫
0.5
本體
（背面）
邊緣進行藏針縫
插入拉鍊頭
本體對摺
縫合
摺雙
本體（正面）
縫合脇邊

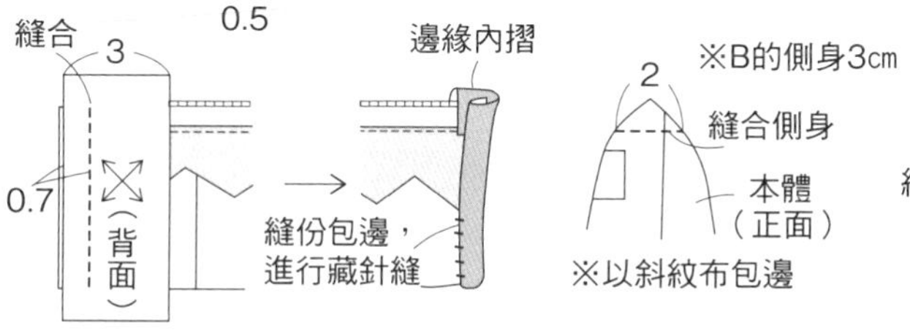

縫合
3
0.7
（背面）
邊緣內摺
縫份包邊，
進行藏針縫
2
※B的側身3cm
縫合側身
本體
（正面）
※以斜紋布包邊

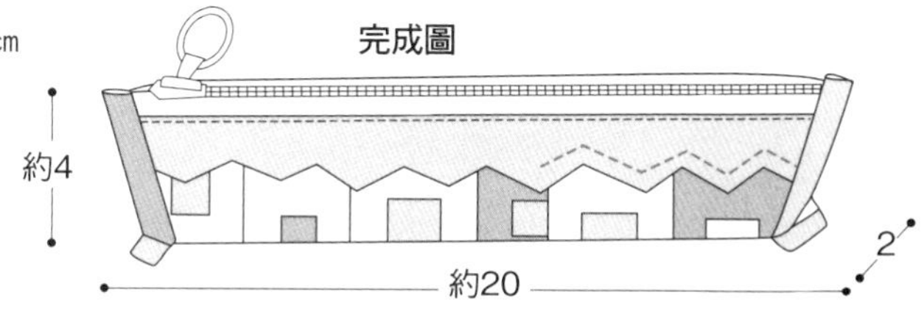

完成圖
約4
約20
2

作品……p. 20

10 方格圖案眼鏡盒

材料

拼接・貼布縫用布…使用零碼布、底布…25×20㎝、後片30×15㎝、裡布（含補強布）・鋪棉各35×30㎝、圓繩9㎝、附鋅鉤的鍊帶1條、轉釦1組、1.2㎝方格紙型板・帶膠鋪棉 各適量

作法

1 使用紙型板方式製作貼布縫，在底布進行貼布縫，製作前片表布。
2 1與後片表布各自重疊裡布與鋪棉，預留返口，縫合周圍。
3 翻回正面，縫合返口，進行壓線。
4 縫合前片側身。
5 前、後片正面相對，以捲針縫自記號處縫至記號處。
6 加上釦絆、轉釦。

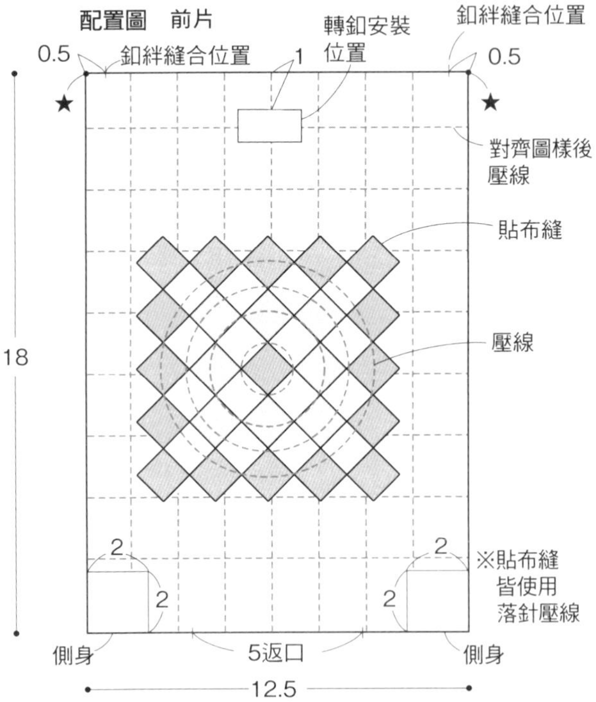
配置圖　前片
轉釦安裝
位置
釦絆縫合位置
0.5
釦絆縫合位置
1
0.5
★
★
對齊圖樣後
壓線
貼布縫
壓線
18
2
2
2
2
※貼布縫
皆使用
落針壓線
側身
5返口
側身
12.5

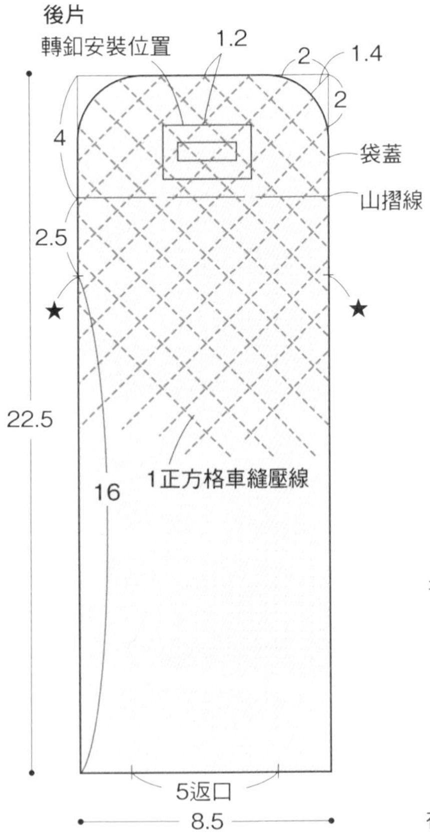
後片
轉釦安裝位置
1.2
2
1.4
2
4
袋蓋
山摺線
2.5
★
★
22.5
16
1正方格車縫壓線
5返口
8.5

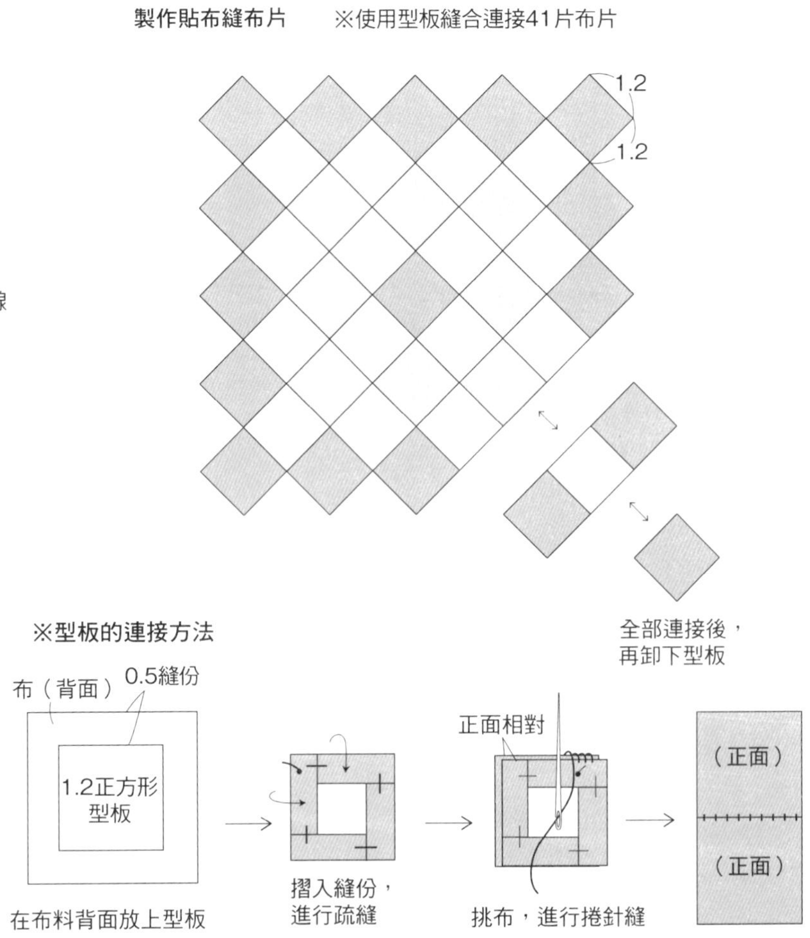
製作貼布縫布片　※使用型板縫合連接41片布片
1.2
1.2
全部連接後，
再卸下型板
※型板的連接方法
布（背面）
0.5縫份
1.2正方形
型板
在布料背面放上型板
摺入縫份，
進行疏縫
正面相對
挑布，進行捲針縫
（正面）
（正面）

<前片>

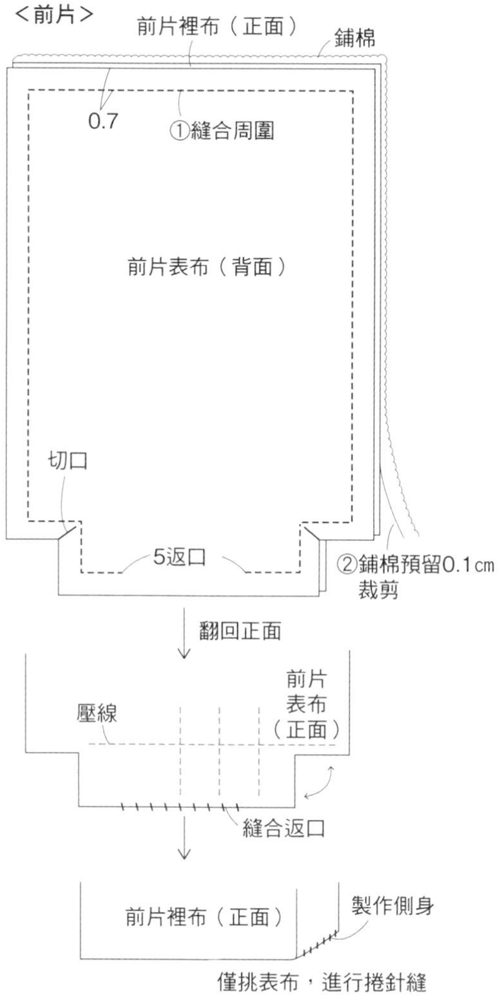

前片裡布（正面）
鋪棉
0.7
①縫合周圍
前片表布（背面）
切口
5返口
②鋪棉預留0.1㎝
裁剪
翻回正面
壓線
前片
表布
（正面）
縫合返口
前片裡布（正面）
製作側身
僅挑表布，進行捲針縫

<後片>

後片裡布（正面）
①縫合周圍
0.7
後片表布（背面）
貼合帶膠鋪棉
（直接裁剪）
5返口
②預留鋪棉0.1㎝
裁剪
翻回正面
後片
表布
（正面）
車縫
縫合返口

<拼接方法>

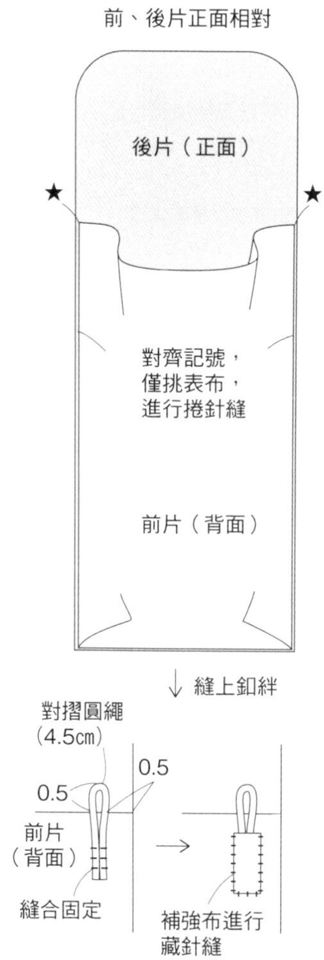

前、後片正面相對
後片（正面）
★
★
對齊記號，
僅挑表布，
進行捲針縫
前片（背面）
縫上釦絆
對摺圓繩
（4.5㎝）
0.5
0.5
前片
（背面）
縫合固定
補強布進行
藏針縫

安裝轉釦

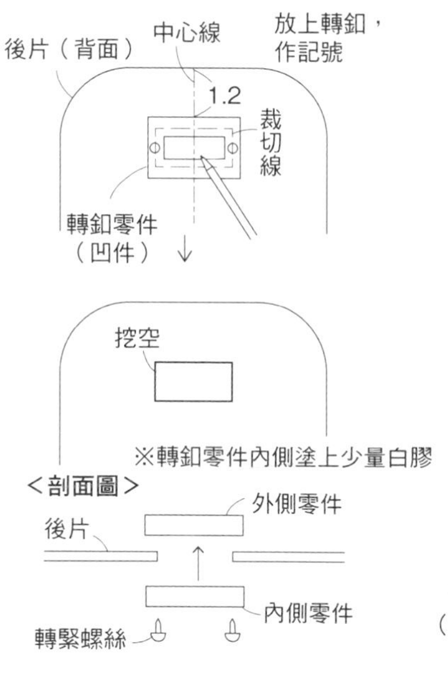

後片（背面）
中心線
放上轉釦，
作記號
1.2
裁
切
線
轉釦零件
（凹件）
挖空
※轉釦零件內側塗上少量白膠
<剖面圖>
外側零件
後片
內側零件
轉緊螺絲

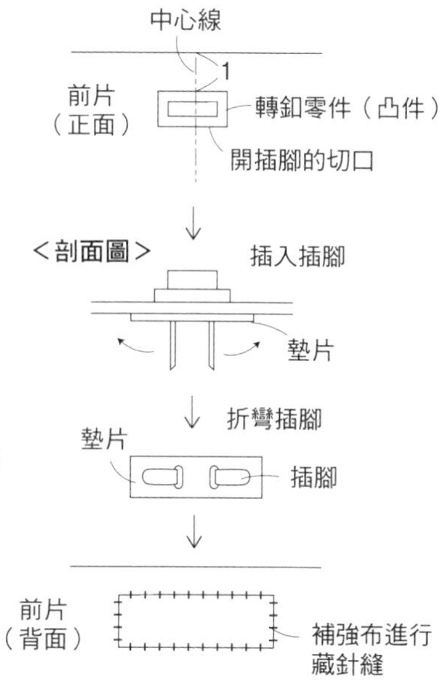

中心線
1
前片
（正面）
轉釦零件（凸件）
開插腳的切口
<剖面圖>
插入插腳
墊片
折彎插腳
墊片
插腳
前片
（背面）
補強布進行
藏針縫

完成圖

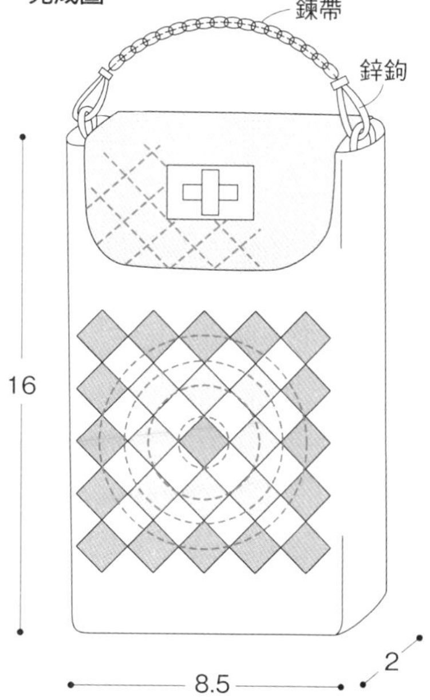

鍊帶
鋅鉤
16
8.5
2

11 鑰匙包

作品……p. 22

材料

拼接用布..使用零碼布、裡布（含鑰匙圈底布・縫份包邊用布）…40×15㎝、鋪棉25×15㎝、滾邊布（斜紋布）…3.5×1.5㎝、鑰匙排釦1組、直徑1.2㎝四合釦1組、帶膠鋪棉適量

作法

1. 進行拼接，製作本體表布。
2. 1重疊裡布及鋪棉於1上，縫合上下方，翻回正面，進行壓線。
3. 左右的其中一邊進行滾邊，另一邊的縫份使用斜紋布包邊。
4. 鑰匙排釦底布前後片貼上帶膠鋪棉，加裝縫合排釦。
5. 4的上下邊縫合固定在本體，加裝四合釦。

配置圖　本體

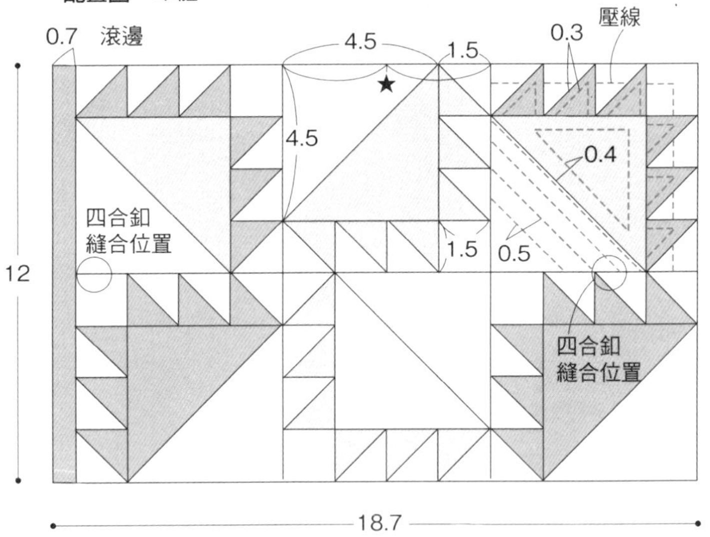

鑰匙排釦底布前、後片

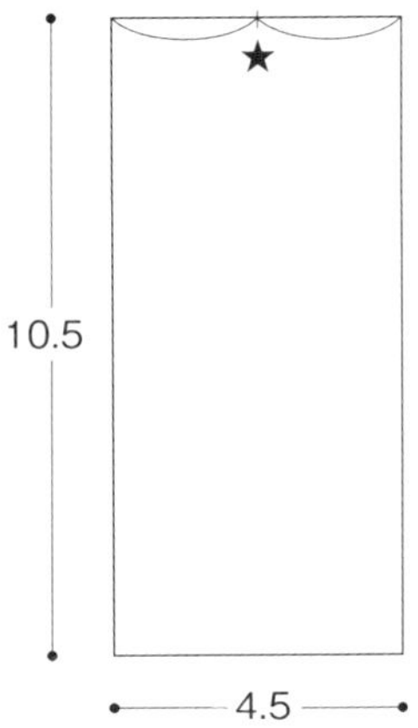

原寸紙型

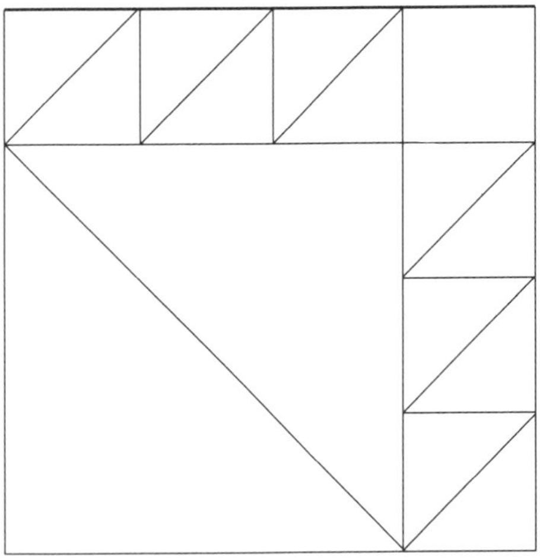

<布片縫法>

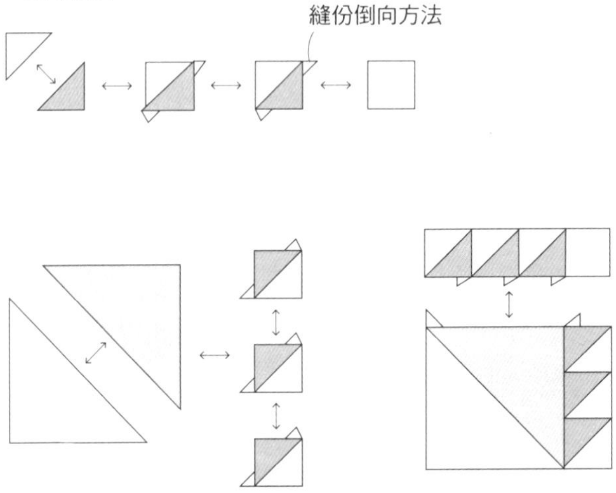

<本體>

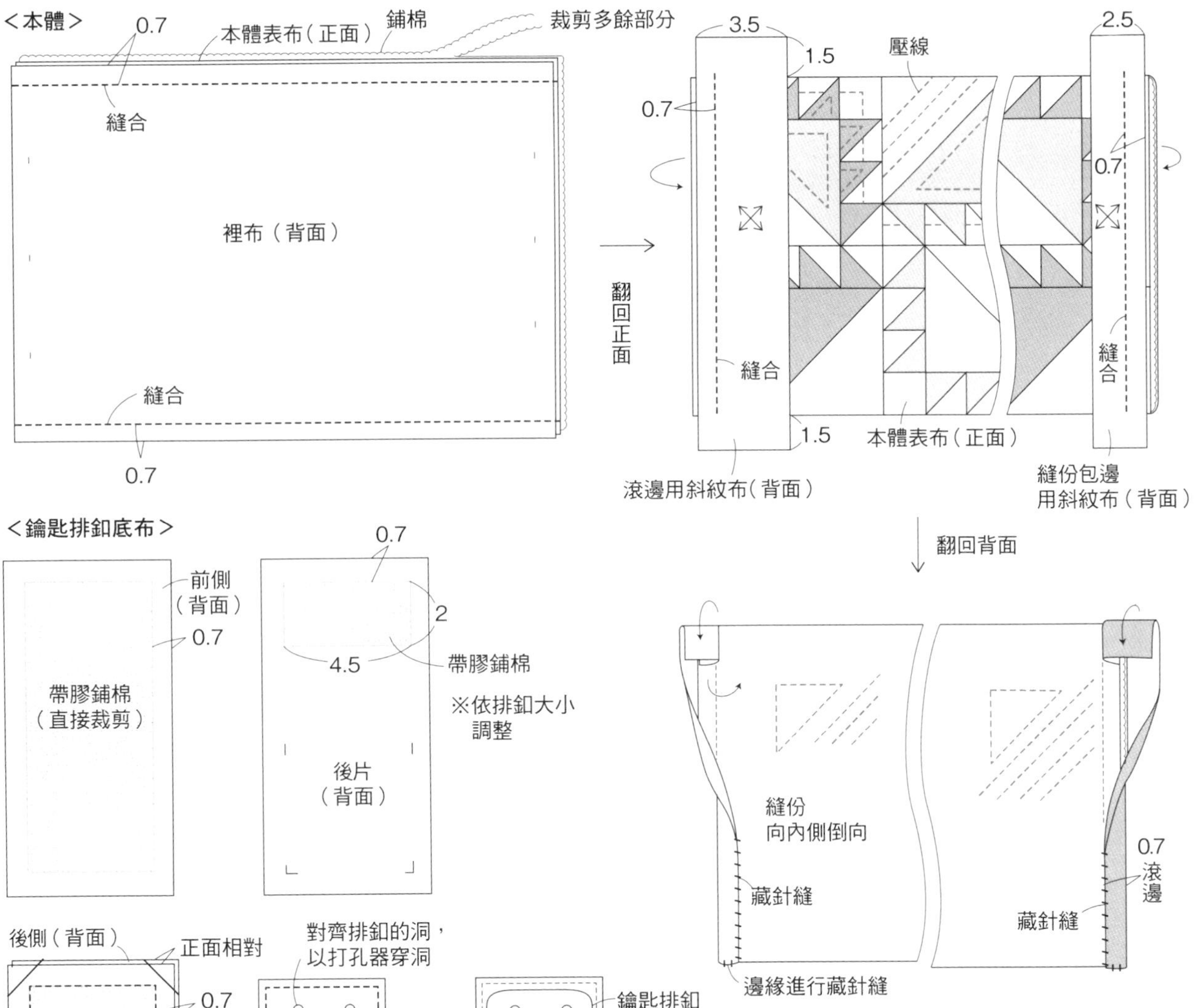

0.7
本體表布（正面）
鋪棉
裁剪多餘部分
縫合
裡布（背面）
縫合
0.7
翻回正面
3.5
1.5
0.7
壓線
2.5
0.7
縫合
縫合
1.5
本體表布（正面）
滾邊用斜紋布（背面）
縫份包邊
用斜紋布（背面）
翻回背面
縫份
向內側倒向
0.7
滾邊
藏針縫
藏針縫
邊緣進行藏針縫

<鑰匙排釦底布>

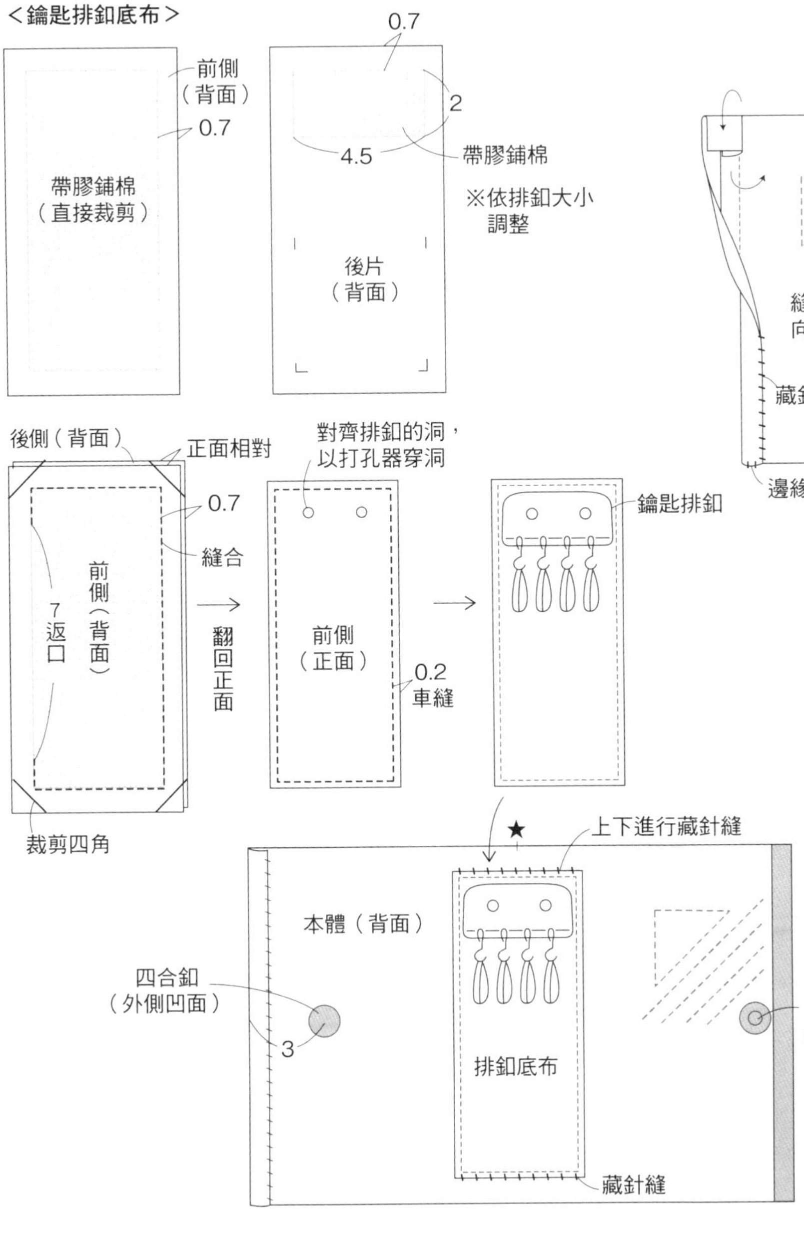

前側
（背面）
0.7
帶膠鋪棉
（直接裁剪）
0.7
2
4.5
帶膠鋪棉
※依排釦大小
調整
後片
（背面）
後側（背面）
正面相對
0.7
縫合
前側（背面）
7
返口
裁剪四角
翻回正面
對齊排釦的洞，
以打孔器穿洞
前側
（正面）
0.2
車縫
鑰匙排釦
★
上下進行藏針縫
本體（背面）
四合釦
（外側凹面）
3
排釦底布
四合釦
（凸面）
藏針縫

完成圖

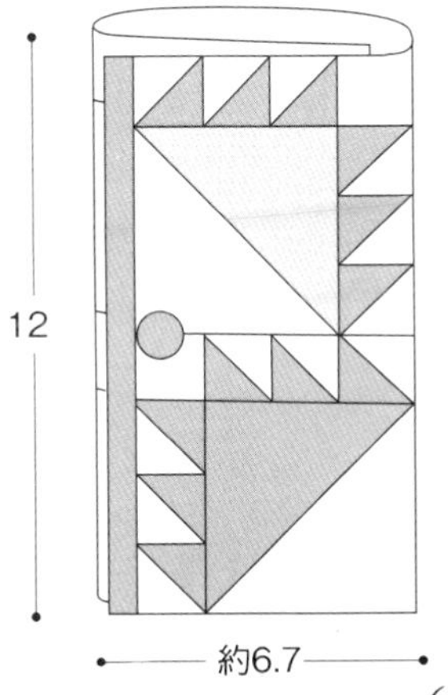

12
約6.7

12 藥品小物收納包

作品……p.24

材料

拼接用布…使用零碼布、內側・拉鍊口袋…50×20cm、網眼布16×7cm、補強布・鋪棉各25×20cm、滾邊布（斜紋布）3×16cm、包芯滾邊（放入圓繩）…寬0.3cm芯用圓繩75cm・斜紋布2.5×75cm、寬0.1cm・0.3cm圓繩各10cm、長10cm拉鍊1條、裝飾串珠2個、木釦1個

作法

1. 進行拼接，製作本體表布。
2. 1重疊鋪棉及補強布，進行壓線
3. 周圍縫上包芯滾邊（放入圓繩），暫時固定釦繩。
4. 製作拉鍊口袋，縫於內側布料，暫時固定網眼口袋。
5. 3與4正面相對，預留返口，縫合周圍。
6. 翻回正面，縫合返口，裝上拉鍊裝飾，外側袋蓋縫上鈕釦。

<布片拼接法>

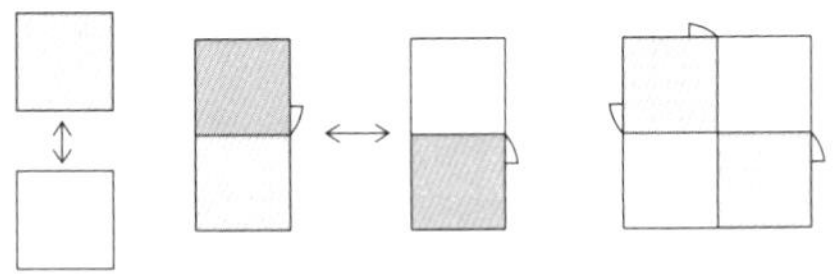

製作布塊

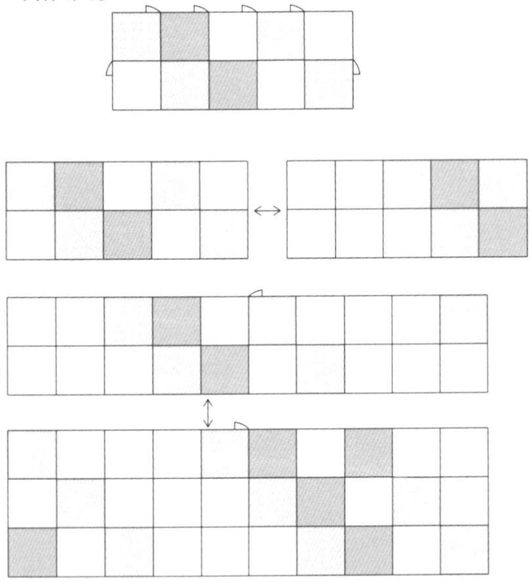

配置圖　本體

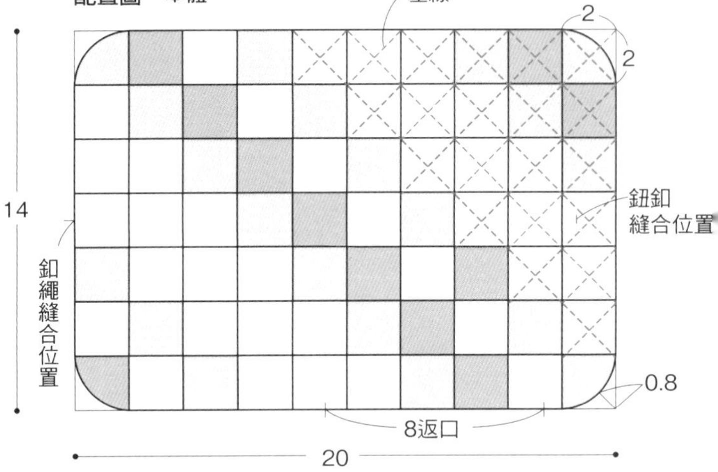
壓線
2
2
14
鈕釦
縫合位置
釦繩縫合位置
0.8
8返口
20

內側

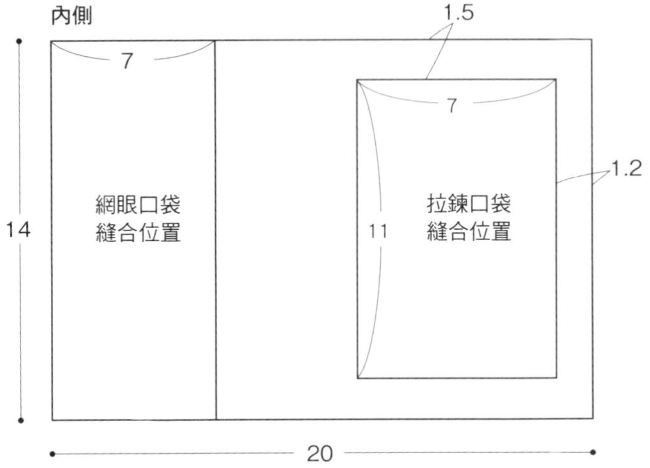
1.5
7
7
14
網眼口袋
縫合位置
拉鍊口袋
縫合位置
11
1.2
20

網眼口袋

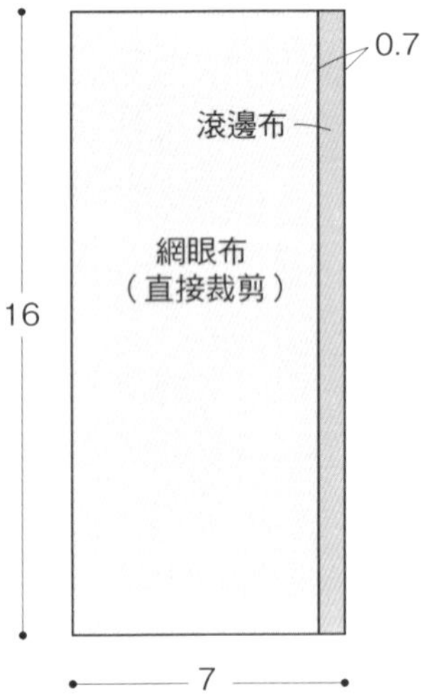
0.7
滾邊布
網眼布
（直接裁剪）
16
7

拉鍊口袋（2片）

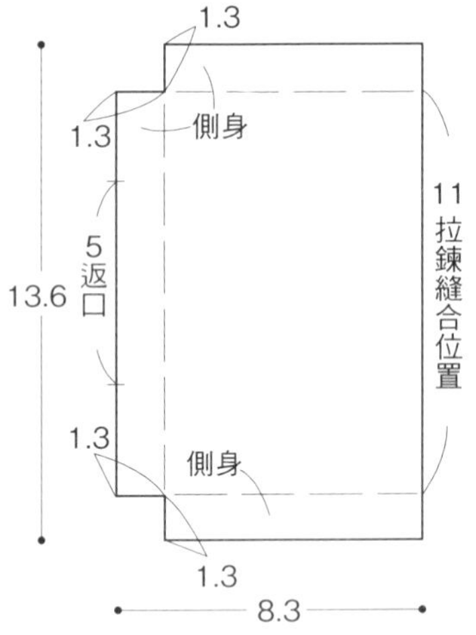
1.3
1.3
側身
5
返口
13.6
11
拉鍊縫合位置
1.3
側身
1.3
8.3

＜拉鍊口袋＞

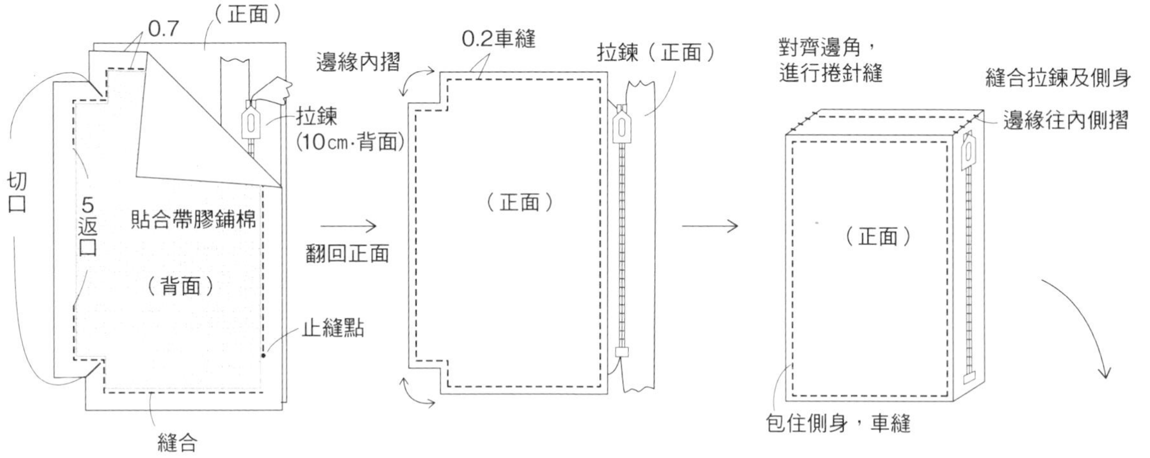

0.7
（正面）
切口
5返口
貼合帶膠鋪棉
（背面）
拉鍊
（10㎝·背面）
止縫點
縫合
邊緣內摺
0.2車縫
翻回正面
（正面）
拉鍊（正面）
對齊邊角，
進行捲針縫
縫合拉鍊及側身
邊緣往內側摺
（正面）
包住側身，車縫

＜本體＞

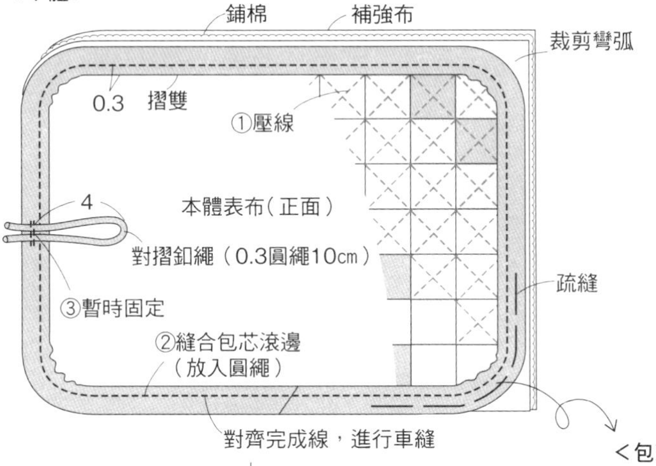

鋪棉
補強布
裁剪彎弧
0.3
摺雙
①壓線
4
本體表布（正面）
對摺釦繩（0.3圓繩10㎝）
③暫時固定
②縫合包芯滾邊
（放入圓繩）
疏縫
對齊完成線，進行車縫

＜內側＞

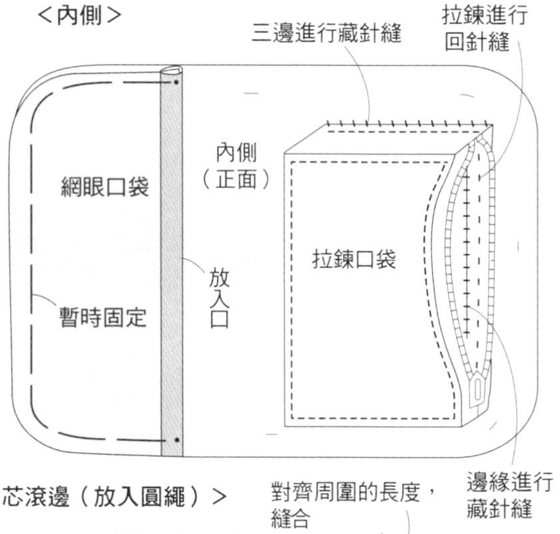

三邊進行藏針縫
拉鍊進行
回針縫
網眼口袋
內側
（正面）
拉鍊口袋
暫時固定
放入口
邊緣進行
藏針縫

＜包芯滾邊（放入圓繩）＞

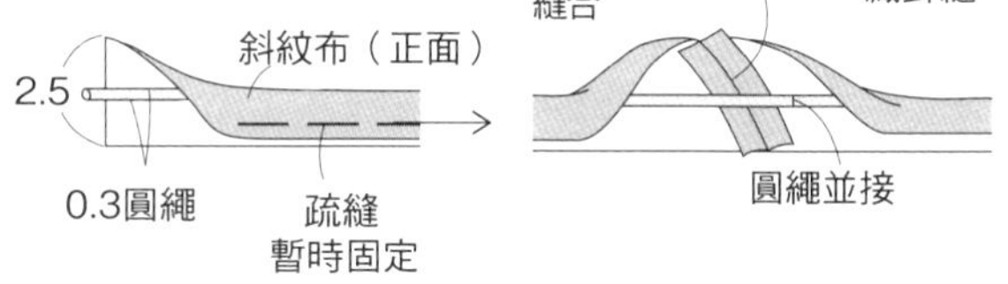

2.5
斜紋布（正面）
0.3圓繩
疏縫
暫時固定
對齊周圍的長度，
縫合
圓繩並接

＜拼接方法＞

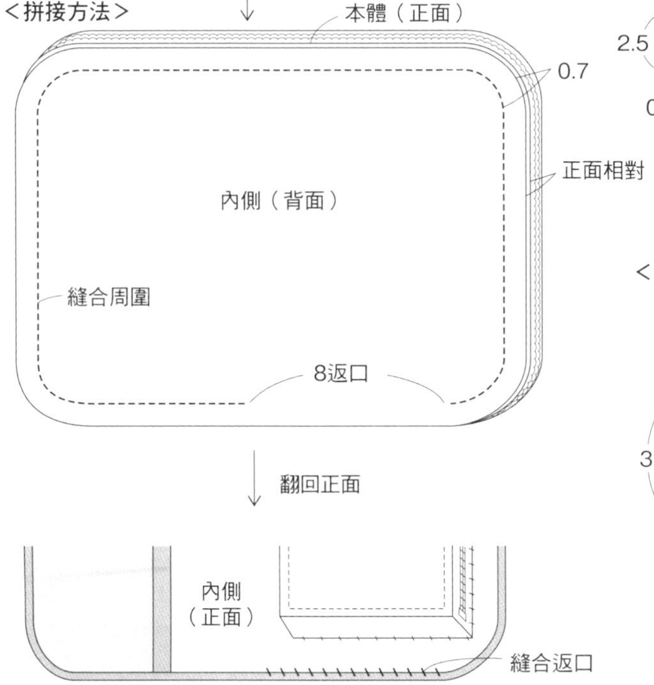

本體（正面）
0.7
正面相對
內側（背面）
縫合周圍
8返口
翻回正面
內側
（正面）
縫合返口

完成圖

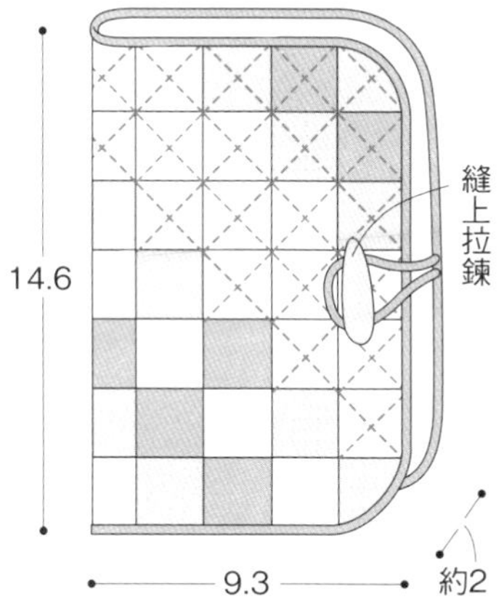

14.6
縫上拉鍊
9.3
約2

＜拉鍊裝飾＞

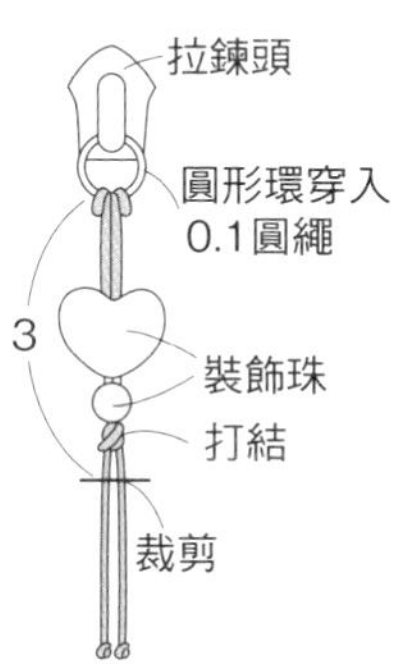

拉鍊頭
圓形環穿入
0.1圓繩
3
裝飾珠
打結
裁剪

14 零錢包

作品…p. 26

材料

拼接用布…使用零碼布（包含拉鍊裝飾）、底部…15×10cm、裡布．鋪棉各30×15cm、長12cm的拉鍊1條、寬0.6cm織帶10cm、細圓繩3cm、直徑2cm的塑膠鈕釦2個、附鋅鉤手提帶1條、直徑1.2cm圓形環1個、25號繡線各色適量

作法

1 進行拼接及刺繡，製作本體表布。
2 1及底部表布各自與鋪棉及裡布重疊，預留返口，縫合周圍。底部夾入織帶。
3 翻回正面，縫合返口，進行壓線。
4 本體2片與底部正面相對，以捲針縫縫合。
5 加上拉鍊，拉鍊頭裝上拉鍊裝飾。

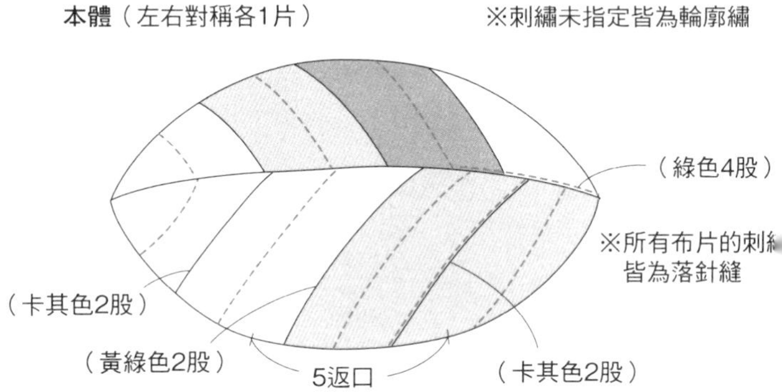
本體（左右對稱各1片）
※刺繡未指定皆為輪廓繡
（綠色4股）
※所有布片的刺繡皆為落針縫
（卡其色2股）
（黃綠色2股）
5返口
（卡其色2股）

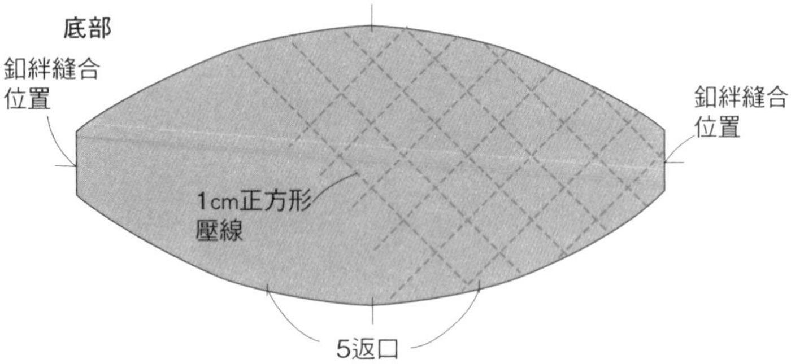
底部
釦絆縫合位置
釦絆縫合位置
1cm正方形壓線
5返口

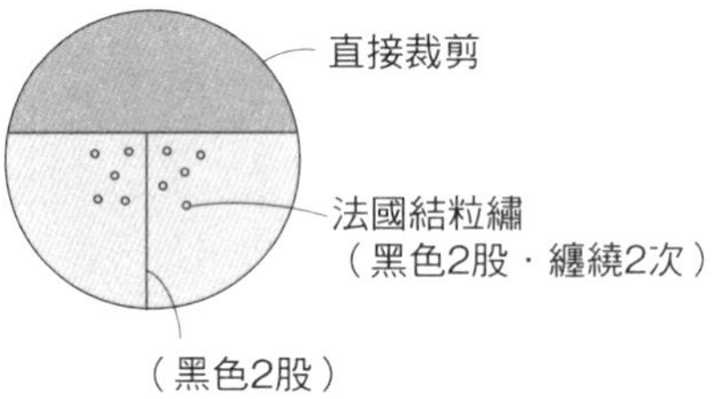
拉鍊裝飾（2片）
直接裁剪
法國結粒繡（黑色2股．纏繞2次）
（黑色2股）

原寸紙型

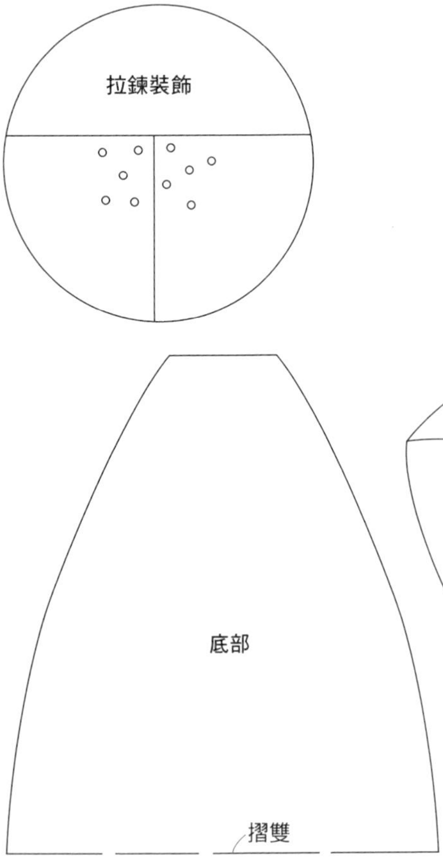
拉鍊裝飾
底部
摺雙

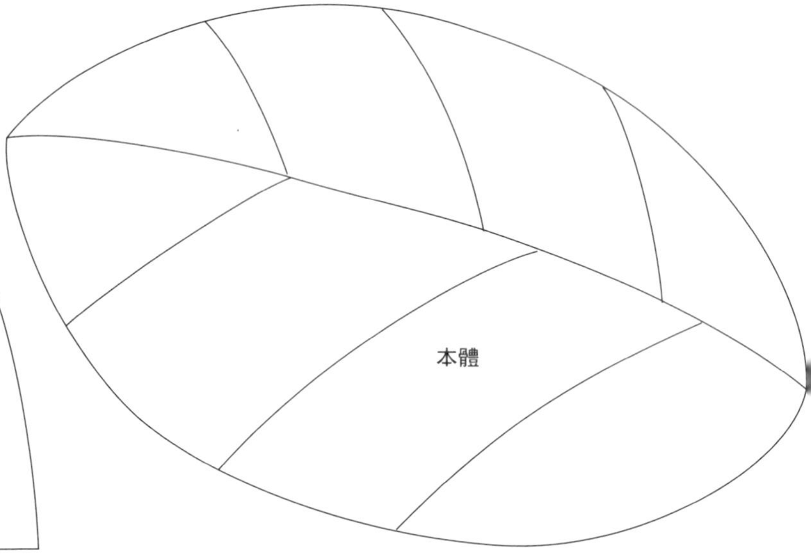
本體

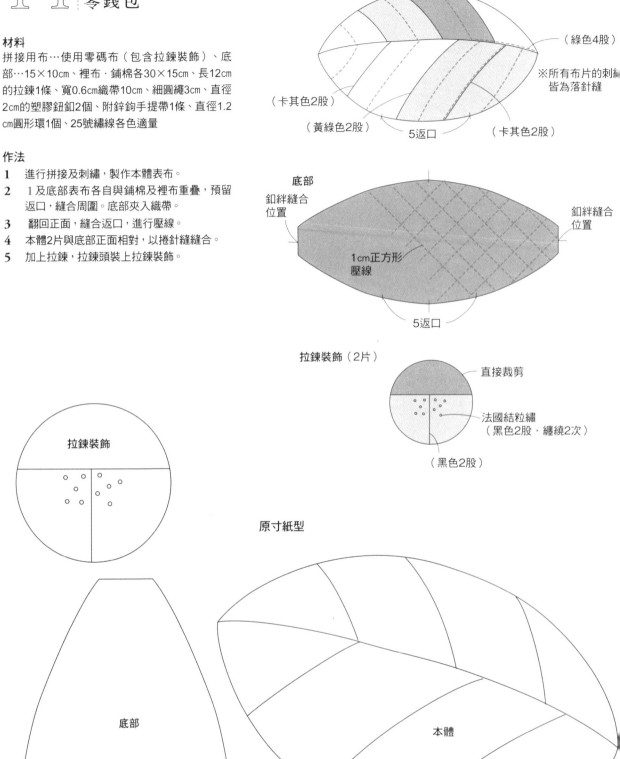

<本體>

進行拼接

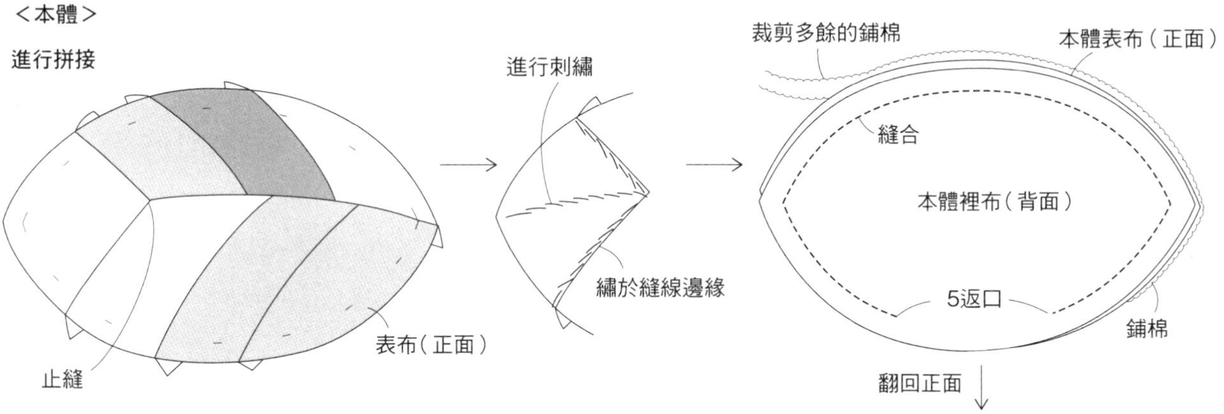
止縫
表布（正面）
進行刺繡
繡於縫線邊緣
裁剪多餘的鋪棉
本體表布（正面）
縫合
本體裡布（背面）
5返口
鋪棉

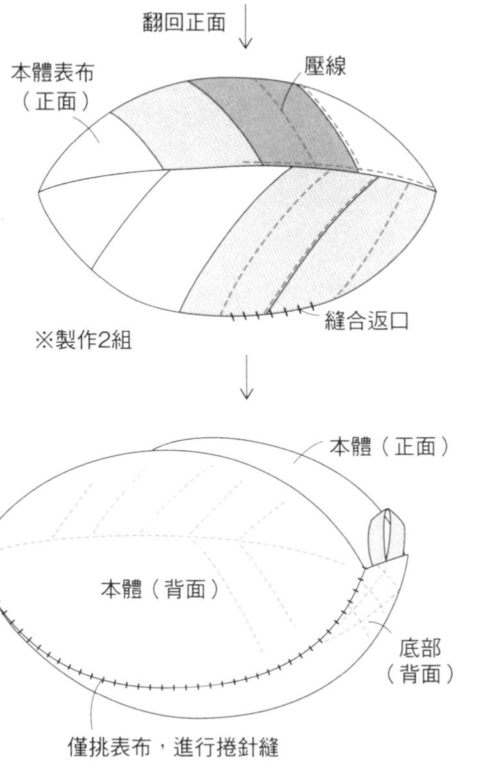
翻回正面
本體表布
（正面）
壓線
縫合返口
※製作2組
本體（正面）
本體（背面）
底部
（背面）
僅挑表布，進行捲針縫

<底部>

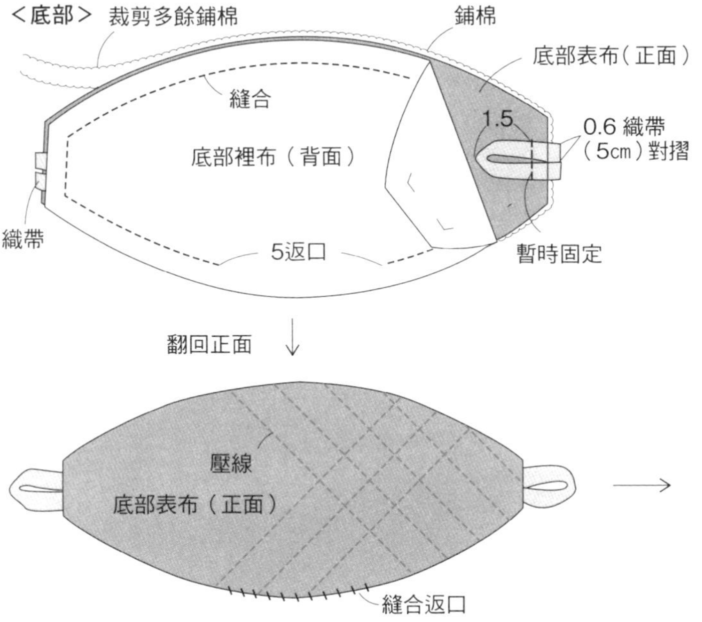
裁剪多餘鋪棉
鋪棉
底部表布（正面）
縫合
底部裡布（背面）
1.5
0.6 織帶
（5㎝）對摺
織帶
5返口
暫時固定
翻回正面
壓線
底部表布（正面）
縫合返口

加上拉鍊

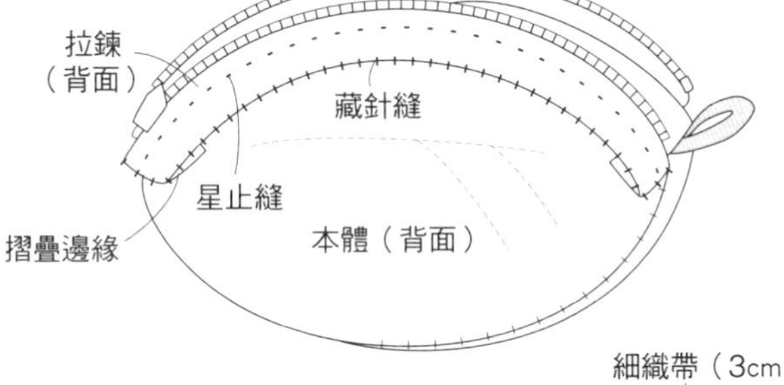
拉鍊
（背面）
藏針縫
星止縫
摺疊邊緣
本體（背面）

<拉鍊裝飾>

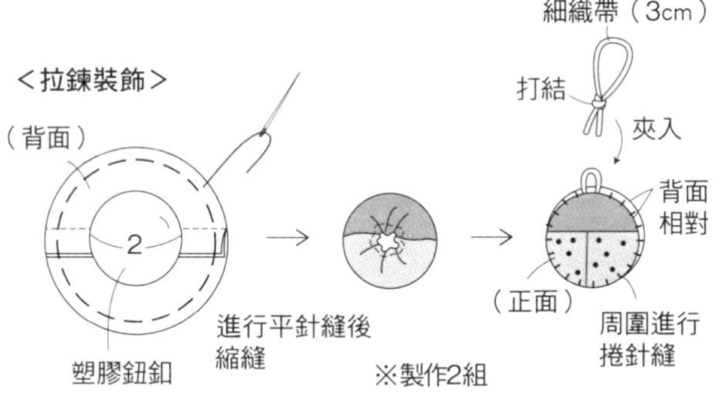
（背面）
2
塑膠鈕釦
進行平針縫後
縮縫
細織帶（3㎝）
打結
夾入
背面
相對
（正面）
周圍進行
捲針縫
※製作2組

完成圖

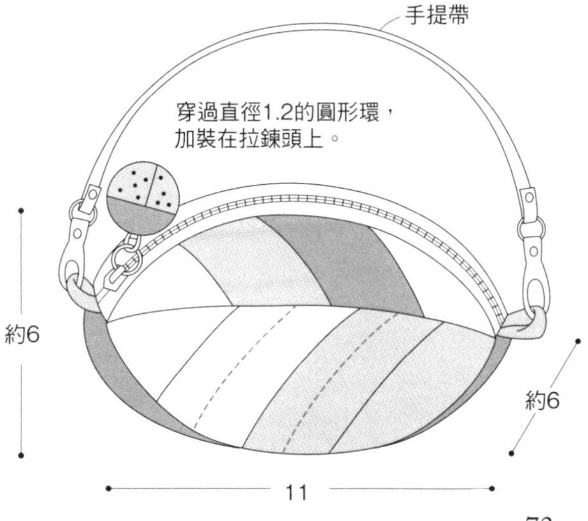
手提帶
穿過直徑1.2的圓形環，
加裝在拉鍊頭上。
約6
約6
11

15 作品……p.28

束口包

材料

底布…40×20㎝、貼布縫用布…使用零碼布、側身…45×15㎝、裡袋・帶膠鋪棉各45×35㎝、寬1㎝織帶136㎝、直徑2㎝塑膠鈕釦4個、直徑2.5㎝（內徑）的雞眼釦4個、25號繡線各色適量

作法

1　底布進行貼布縫、刺繡，製作本體表布。
2　本體與側身正面相對，自記號處縫至記號處。
3　裡袋貼上帶膠鋪棉，本體也以相同方式縫合。
4　本體與裡袋正面相對，預留返口，縫合袋口。
5　翻回正面，封住返口，縫合本體周圍。
6　抓出側身，縫合固定，裝上雞眼釦。
7　織帶穿過雞眼釦，製作提把。

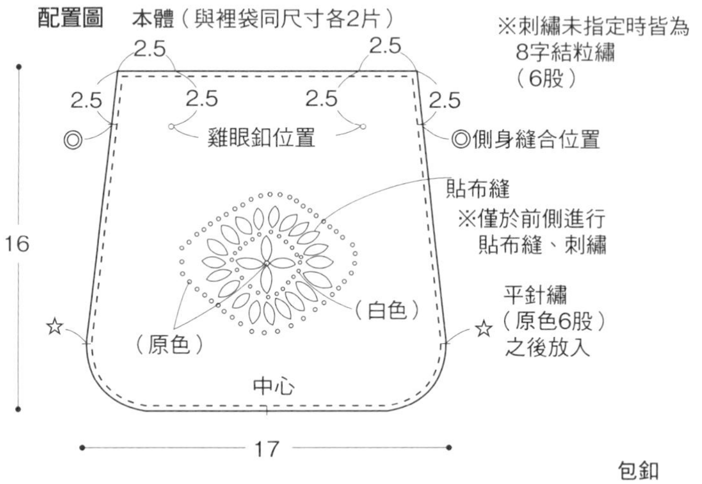
配置圖　本體（與裡袋同尺寸各2片）
※刺繡未指定時皆為8字結粒繡（6股）
2.5
2.5
2.5
2.5
2.5
2.5
雞眼釦位置
◎側身縫合位置
貼布縫
※僅於前側進行貼布縫、刺繡
16
（白色）
平針繡（原色6股）之後放入
（原色）
中心
17

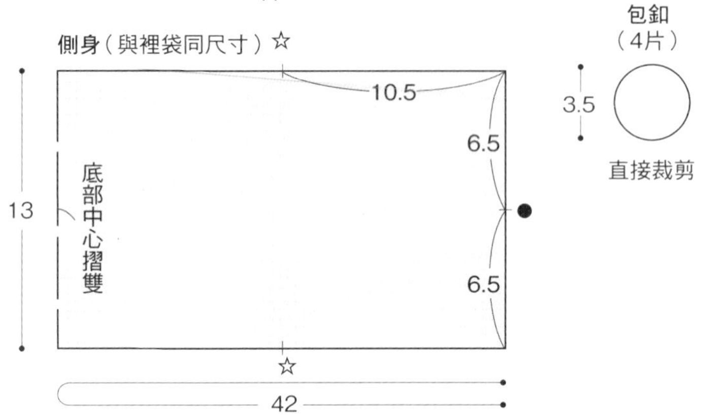
側身（與裡袋同尺寸）☆
10.5
6.5
13
底部中心摺雙
6.5
42
包釦（4片）
3.5
直接裁剪

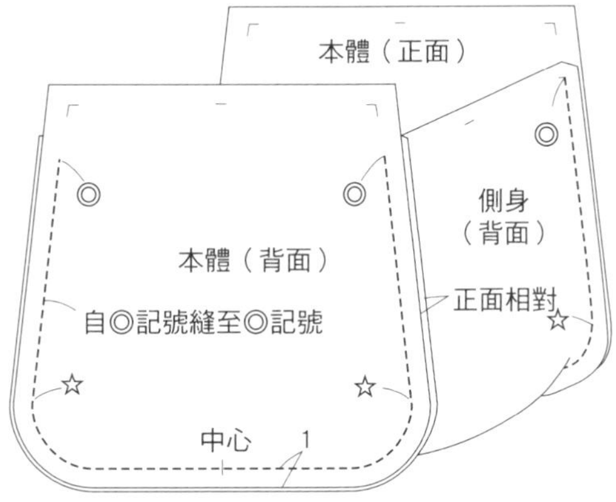
本體（正面）
本體（背面）
側身（背面）
正面相對
自◎記號縫至◎記號
中心
1

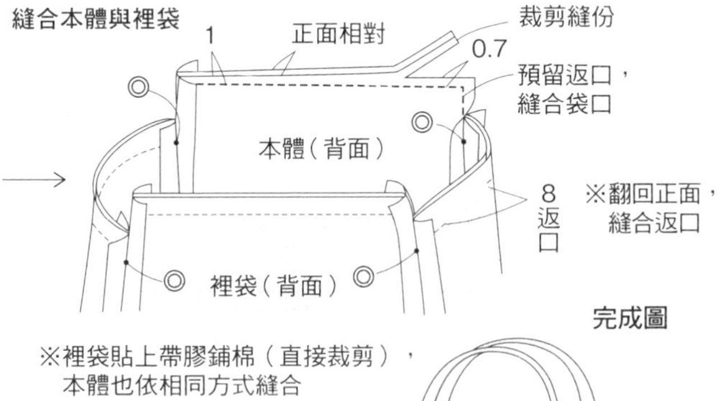
縫合本體與裡袋
1
正面相對
裁剪縫份
0.7
預留返口，縫合袋口
本體（背面）
8返口
※翻回正面，縫合返口
裡袋（背面）
※裡袋貼上帶膠鋪棉（直接裁剪），本體也依相同方式縫合

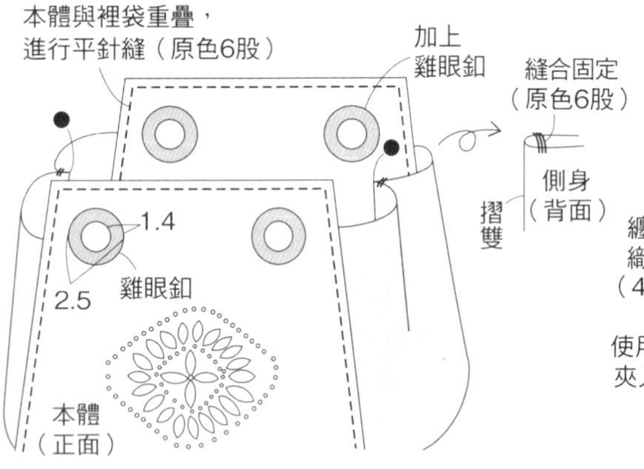
本體與裡袋重疊，進行平針縫（原色6股）
加上雞眼釦
1.4
2.5
雞眼釦
本體（正面）
縫合固定（原色6股）
摺雙
側身（背面）

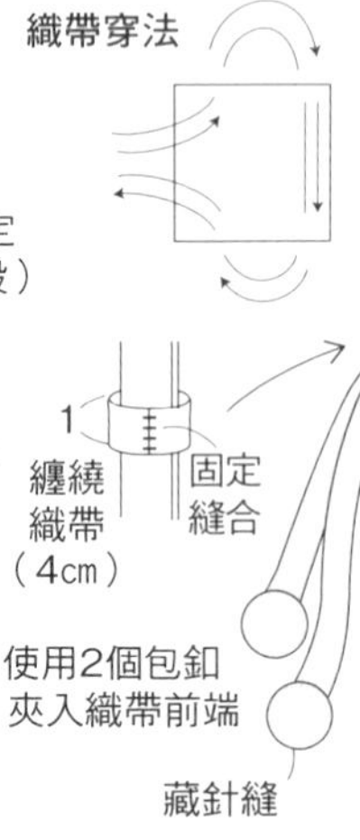
織帶穿法
1
纏繞織帶（4㎝）
固定縫合
使用2個包釦夾入織帶前端
藏針縫

完成圖
1織帶（132㎝）
16
13
17

束口包原寸紙型 15

<8字結粒繡>

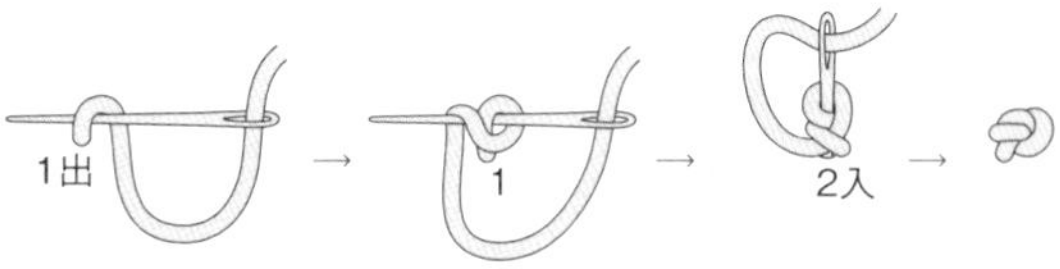

<平針縫>

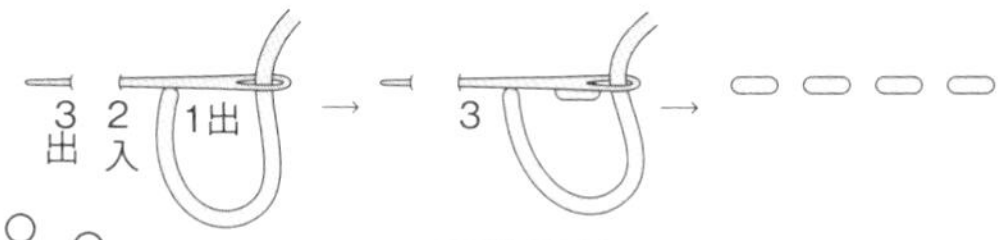

重覆2至3

<鎖鍊繡>

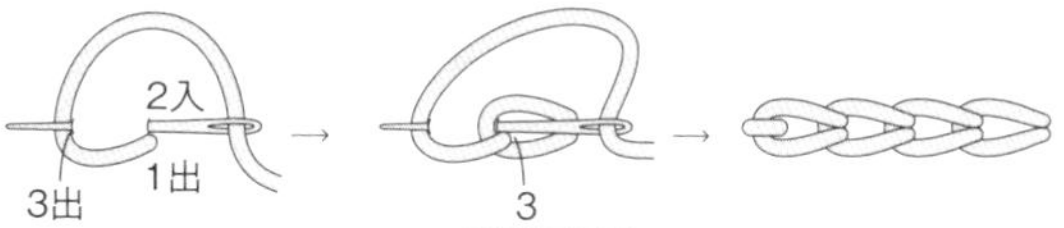

重覆2至3

17 刺繡肩背包

16 圓環手柄包

作品……p. 29

材料

本體・裡袋…各60×35cm、貼布縫用布…使用零碼布、直徑10cm竹製手柄1組、25號繡線各色適量

作法

1 前片表布進行貼布縫、刺繡。
2 1與後片表布正面相對，從記號處縫至記號處。
3 抓出側身，縫合。
4 底部打褶縫合。
5 裡袋與本體相同方式縫合。
6 本體與裡袋正面相對，縫合開口。翻回正面，車縫。
7 加裝提把。

配置圖 本體（與裡袋同尺寸各2片）

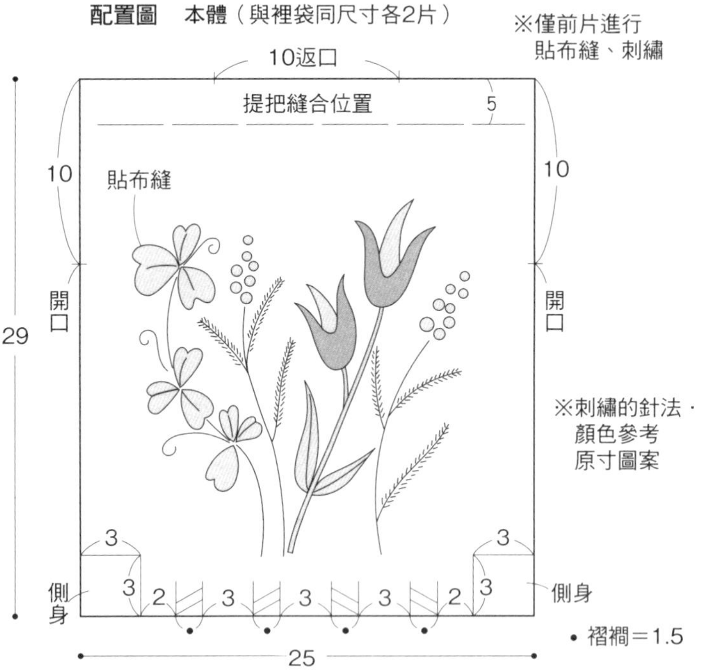
※僅前片進行
貼布縫、刺繡
10返口
提把縫合位置
5
10
10
貼布縫
開口
開口
29
※刺繡的針法・
顏色參考
原寸圖案
3
3
3
3
2
3
3
3
2
側身
側身
• 褶襉＝1.5
25

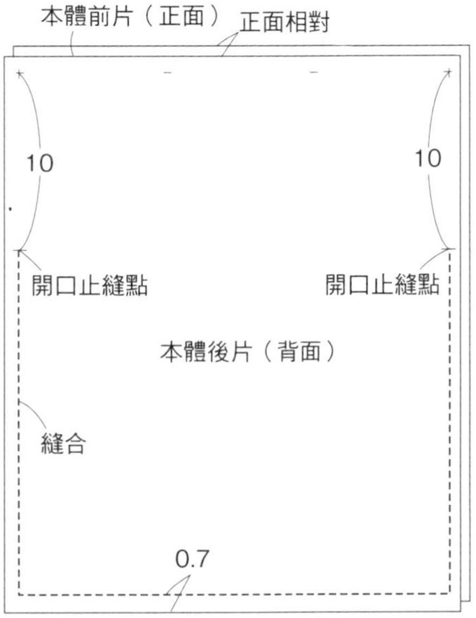
本體前片（正面）
正面相對
10
10
開口止縫點
開口止縫點
本體後片（背面）
縫合
0.7

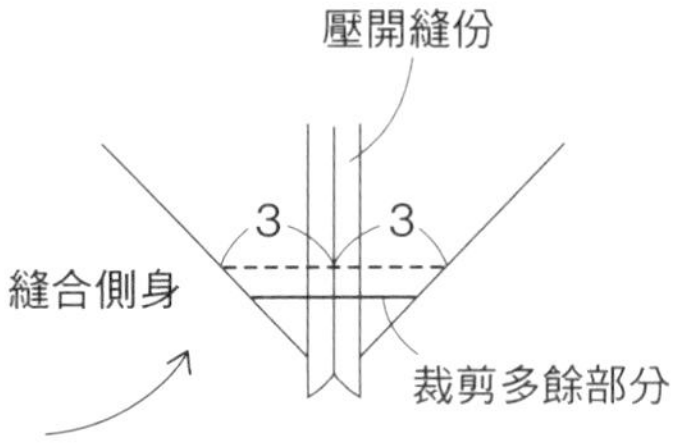
壓開縫份
3
3
縫合側身
裁剪多餘部分

底部縫合打褶

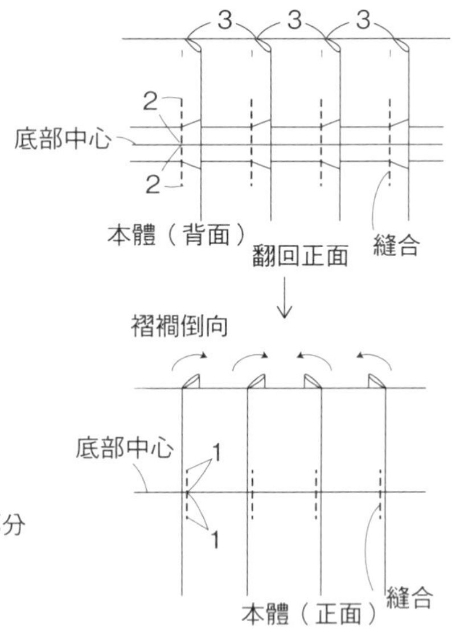
3
3
3
2
底部中心
2
本體（背面）
翻回正面
縫合
褶襉倒向
底部中心
1
1
本體（正面）
縫合

※裡袋以相同方式製作

縫合開口 **本體與裡袋正面相對**

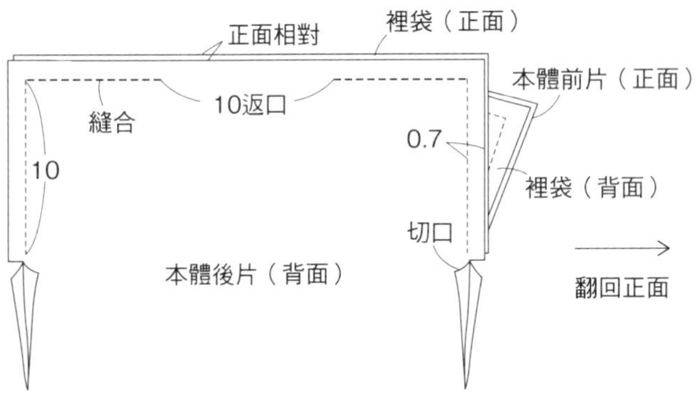
正面相對
裡袋（正面）
本體前片（正面）
10返口
縫合
0.7
10
裡袋（背面）
切口
本體後片（背面）

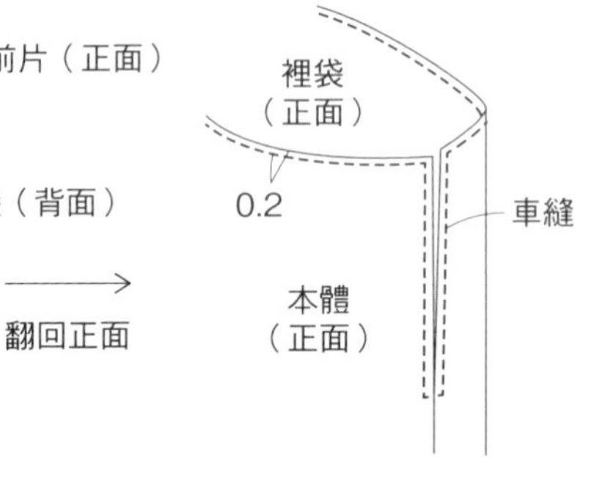
翻回正面
裡袋
（正面）
0.2
車縫
本體
（正面）

裝上提把

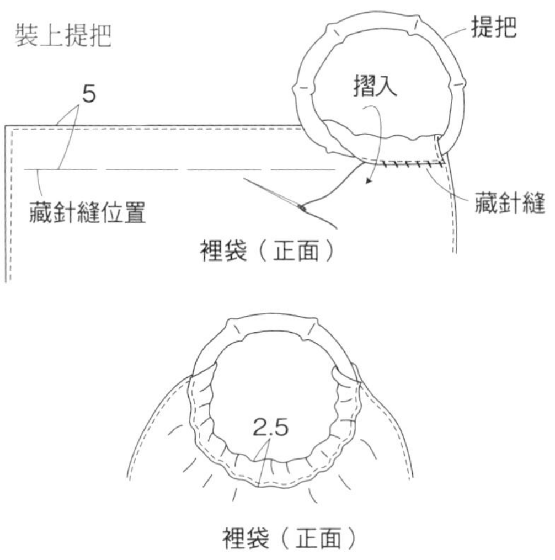
5
提把
摺入
藏針縫位置
藏針縫
裡袋（正面）
2.5
裡袋（正面）

完成圖

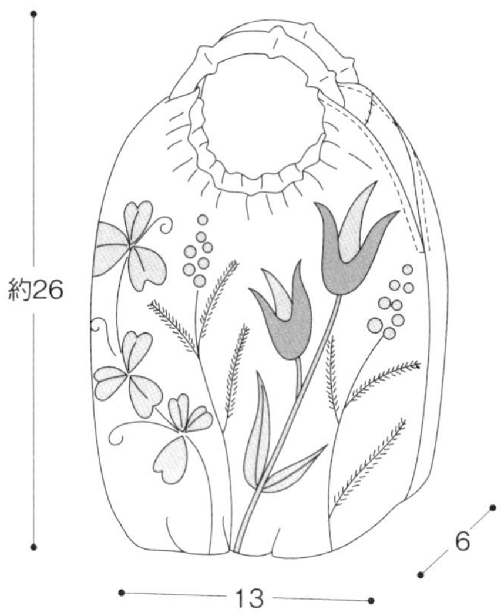
約26
6
13

圖案 ※放大125%使用

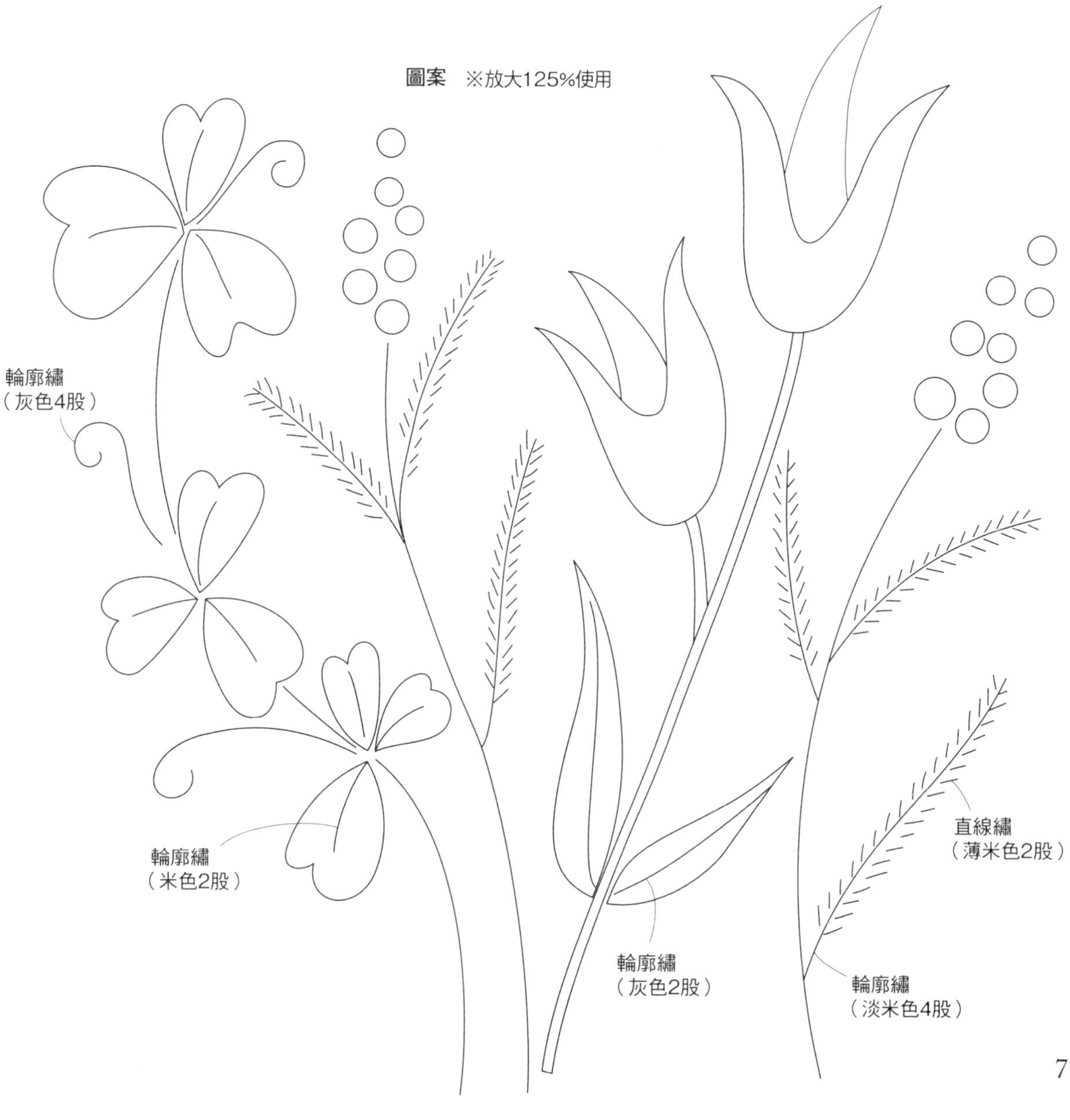
輪廓繡
（灰色4股）
輪廓繡
（米色2股）
輪廓繡
（灰色2股）
直線繡
（薄米色2股）
輪廓繡
（淡米色4股）

17 刺繡肩背包

作品 p.30

材料

本體40×25cm、裡布・鋪棉各45×30cm、寬2.5cm織帶165cm、磁釦1組、25號繡線各色適量

作法

1 前片表布進行刺繡。
2 1與後片表布重疊鋪棉及裡布，進行壓線。
3 前、後片正面相對，縫合袋身。以裡布進行縫份包邊。
4 貼邊往內側摺疊，進行藏針縫。
5 加上肩背帶、提把。

★原寸紙型請參考P.75

配置圖 本體（2片）

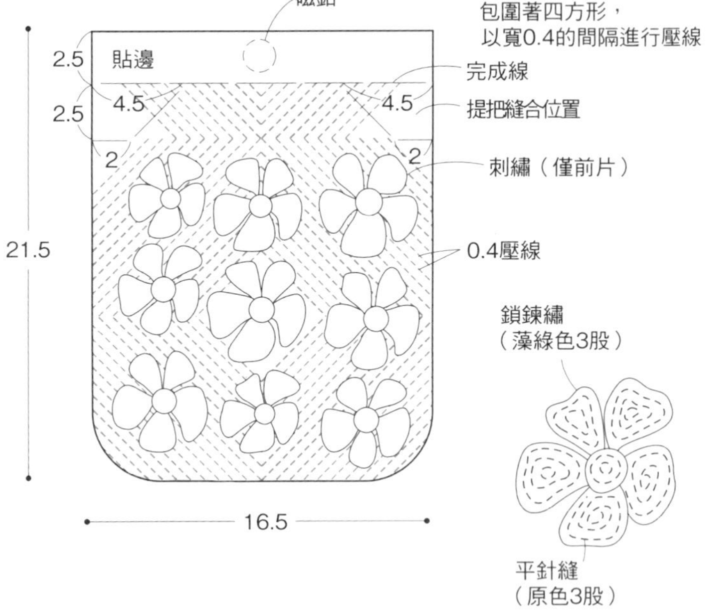

磁釦
※後片像是一筆到底的線條，包圍著四方形，以寬0.4的間隔進行壓線
2.5
貼邊
完成線
4.5
4.5
2.5
提把縫合位置
2
2
刺繡（僅前片）
21.5
0.4壓線
鎖鍊繡（藻綠色3股）
16.5
平針縫（原色3股）

前、後片正面相對

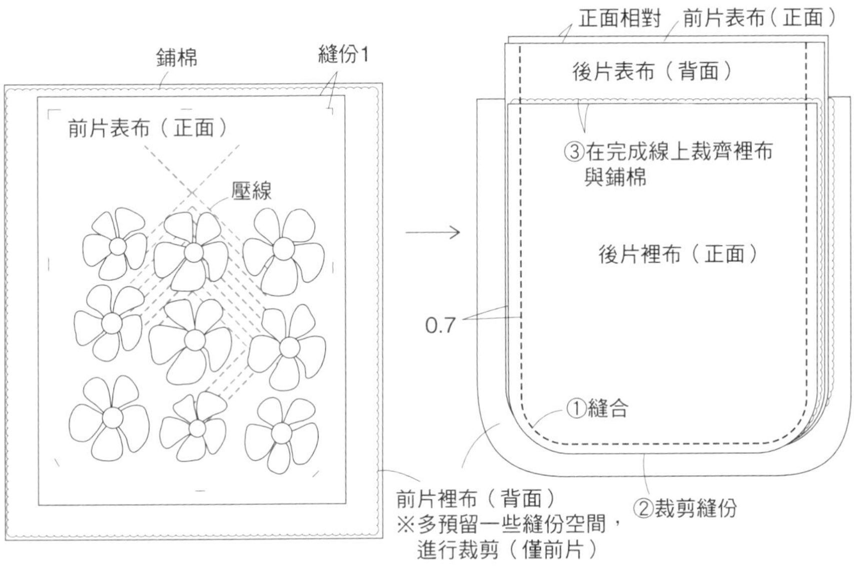

鋪棉
縫份1
前片表布（正面）
壓線
前片裡布（背面）
※多預留一些縫份空間，進行裁剪（僅前片）
正面相對
前片表布（正面）
後片表布（背面）
③在完成線上裁齊裡布與鋪棉
後片裡布（正面）
0.7
①縫合
②裁剪縫份

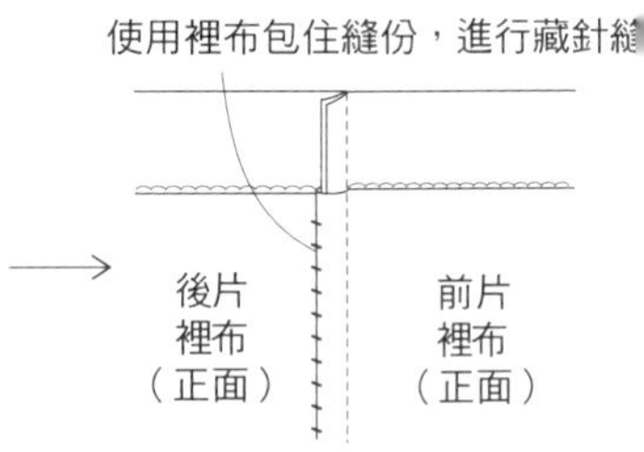

使用裡布包住縫份，進行藏針縫
後片裡布（正面）
前片裡布（正面）

完成圖

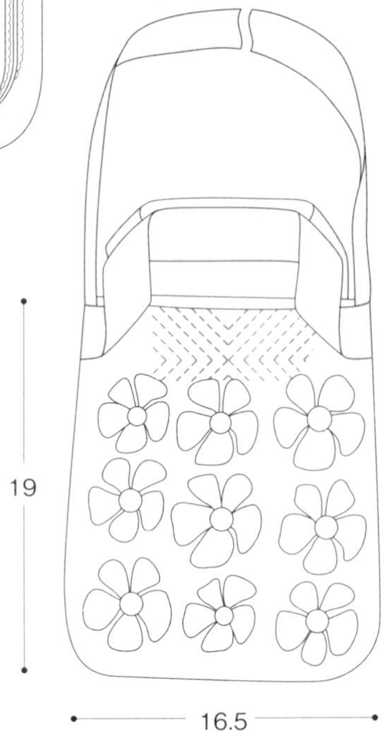

19
16.5

袋口收邊

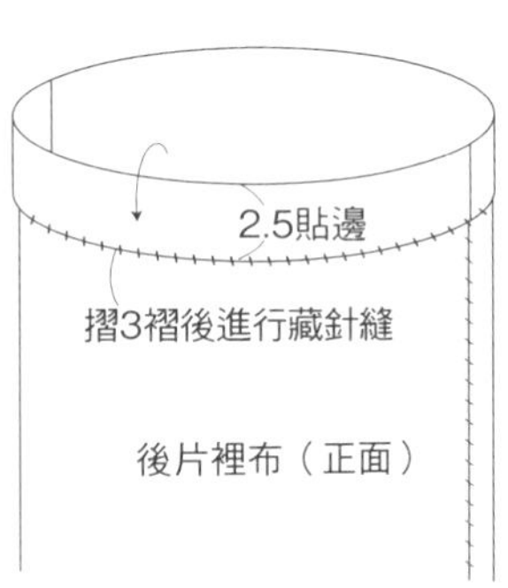

2.5貼邊
摺3褶後進行藏針縫
後片裡布（正面）

製作肩背帶

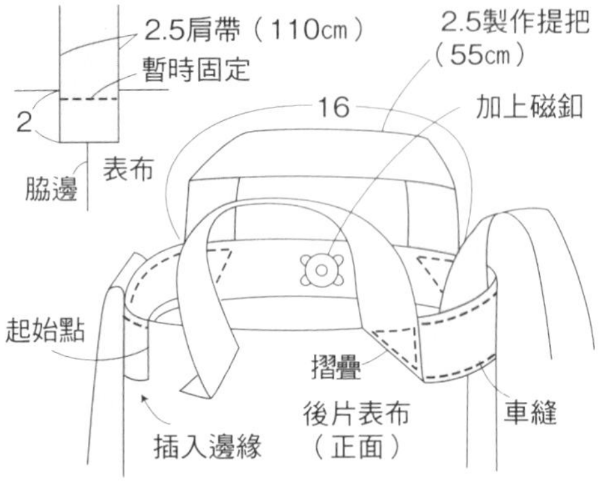

2.5肩帶（110cm）
暫時固定
2
表布
脇邊
2.5製作提把（55cm）
16
加上磁釦
起始點
摺疊
後片表布（正面）
車縫
插入邊緣

19 作品……p.34

針插・仙人掌

材料

本體…30×10cm、花朵…3×3cm、填充棉花・燭芯線各色・25號繡線綠色各適量、內徑6cm的木碗1個

作法

1 6片本體正面相對，每邊各自依順序，自記號處縫至記號處。在一處製作返口。
2 翻回正面，塞入棉花，縫合返口。
3 縮縫中心線，製作形狀。
4 花朵用底布進行絨毛繡，周圍進行平針縫後縮縫。
5 花朵縫合固定於本體，放入木碗。

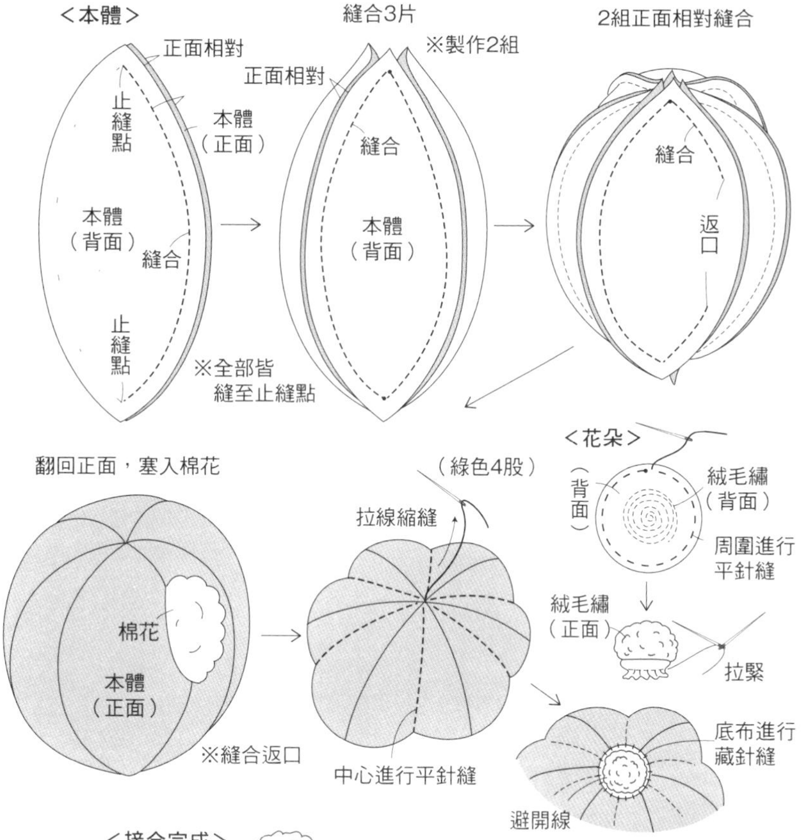

<本體>
正面相對
止縫點
本體（正面）
本體（背面）
縫合
止縫點
※全部皆縫至止縫點
縫合3片
※製作2組
正面相對
縫合
本體（背面）
2組正面相對縫合
縫合
返口
翻回正面，塞入棉花
棉花
本體（正面）
※縫合返口
（綠色4股）
拉線縮縫
中心進行平針縫
<花朵>
（背面）
絨毛繡（背面）
周圍進行平針縫
絨毛繡（正面）
拉緊
底布進行藏針縫
避開線

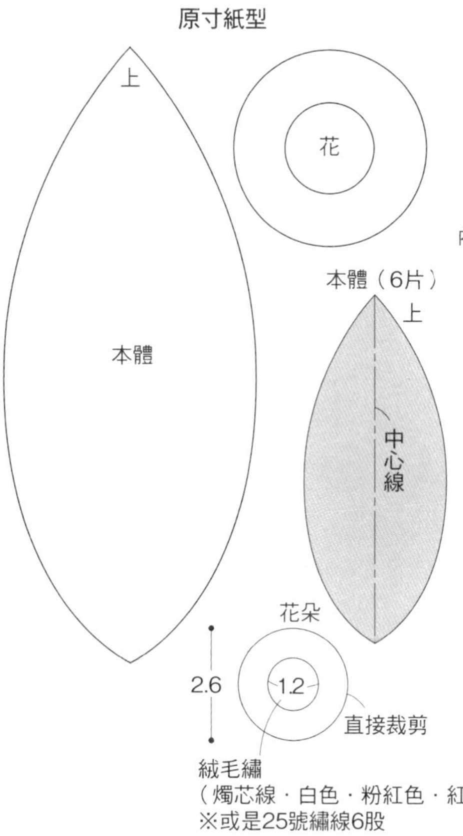

原寸紙型
上
本體
花
本體（6片）
上
中心線
花朵
2.6
1.2
直接裁剪
絨毛繡
（燭芯線・白色・粉紅色・紅色線）
※或是25號繡線6股

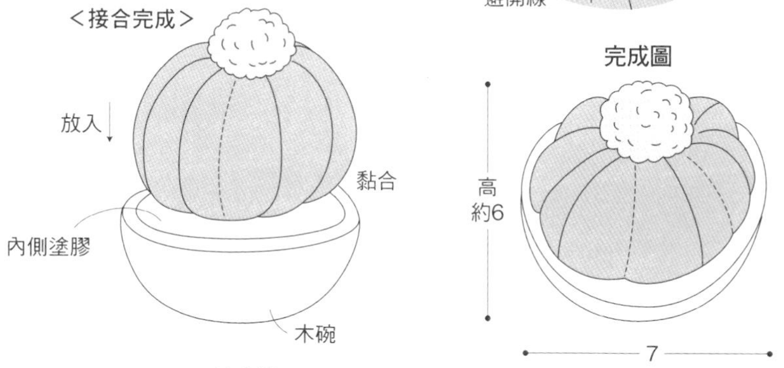

<接合完成>
放入
黏合
內側塗膠
木碗
完成圖
高約6
7

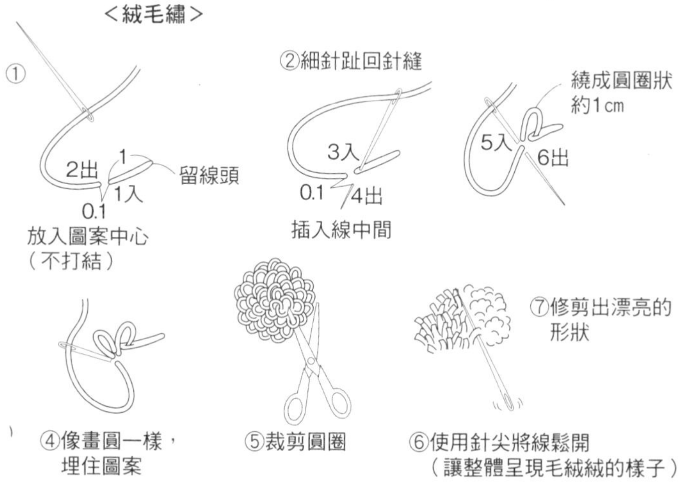

<絨毛繡>
①
2出
1
1入
0.1
留線頭
放入圖案中心（不打結）
②細針趾回針縫
3入
0.1
4出
插入線中間
繞成圓圈狀約1cm
5入
6出
④像畫圓一樣，埋住圖案
⑤裁剪圓圈
⑥使用針尖將線鬆開（讓整體呈現毛絨絨的樣子）
⑦修剪出漂亮的形狀

18 附口袋肩背包

作品—p.32

材料

拼接用布…灰色法蘭絨55×30cm（包含後片・底部側身・肩背帶接合布・拉鍊尾片）・使用零碼布、裡布・鋪棉各55×45cm、滾邊布（斜紋布）…3.5×40cm、長15cm拉鍊1條、寬2cm肩背帶用織帶110cm、縫份包邊斜紋布適量

作法

1 進行拼接，製作口袋表布
2 1重疊鋪棉及裡布，進行壓線
3 2的上方縫份進行包邊。
4 前片・後片、底部側身也以相同方式各自進行壓線。
5 前片暫時固定口袋，底部側身、後片正面相對，縫合袋身。縫份使用底部側身的裡布及斜紋布進行包邊處理。
6 袋口進行滾邊。
7 加上拉鍊及肩背帶。

配置圖　口袋

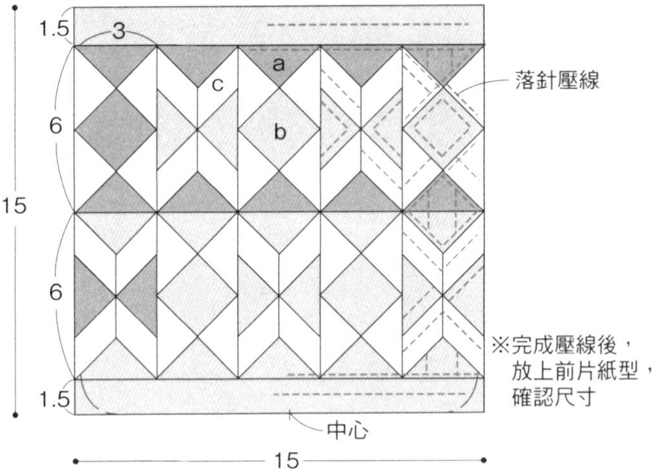

1.5
3
a
c
b
落針壓線
6
15
6
※完成壓線後，放上前片紙型，確認尺寸
1.5
中心
15

前・後片　各1片

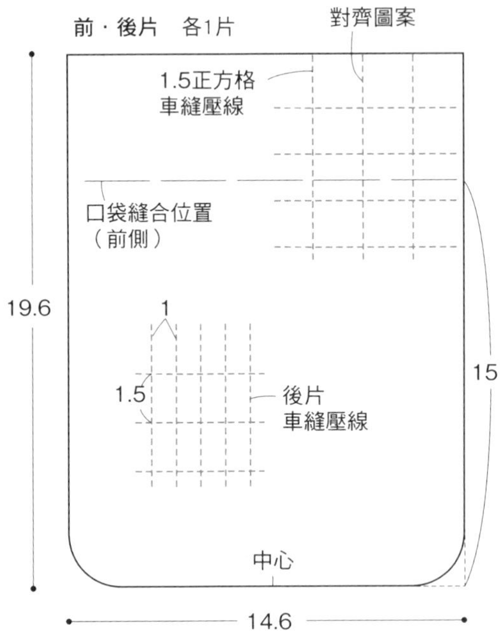

對齊圖案
1.5正方格
車縫壓線
口袋縫合位置
（前側）
19.6
1
1.5
後片
車縫壓線
15
中心
14.6

底部側身

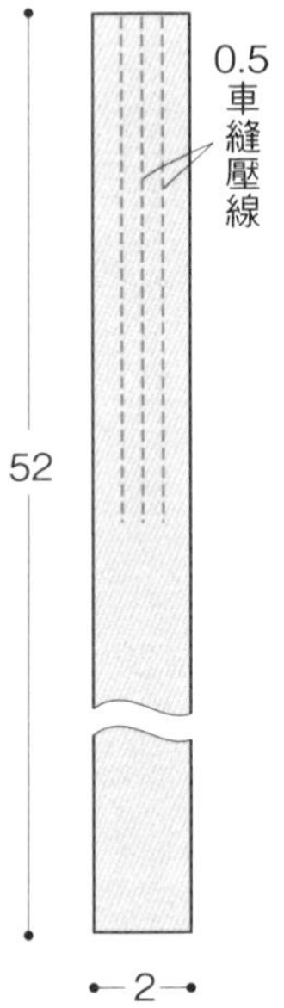

0.5
車縫壓線
52
2

※底部側身的裡布多預留縫份空間，進行裁剪

拉鍊尾片

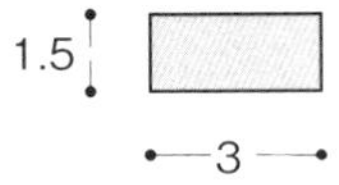

1.5
3

肩背帶接合布
（直接裁剪2片）

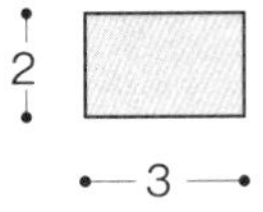

2
3

原寸紙型

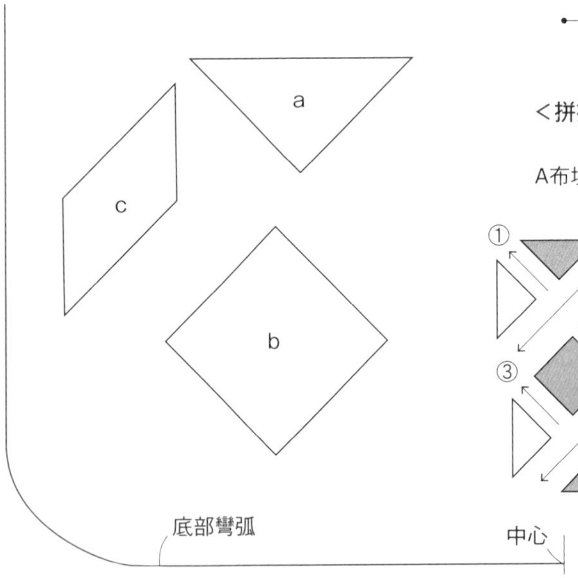

a
c
b
底部彎弧
中心

<拼接方法>

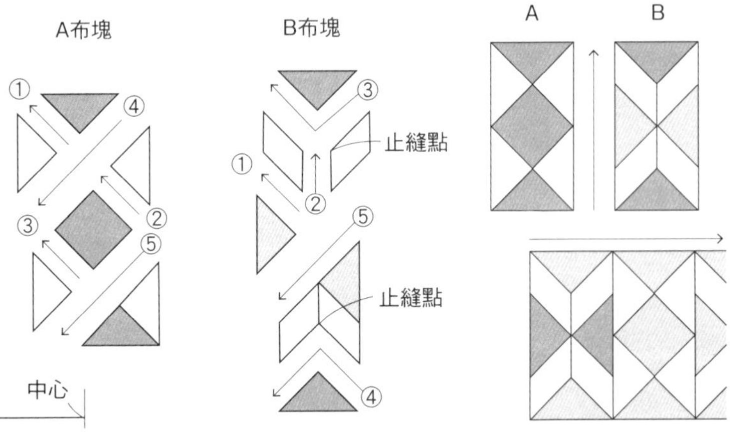

A布塊
B布塊
A
B
①
②
③
④
⑤
止縫點
止縫點

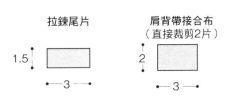

<口袋>

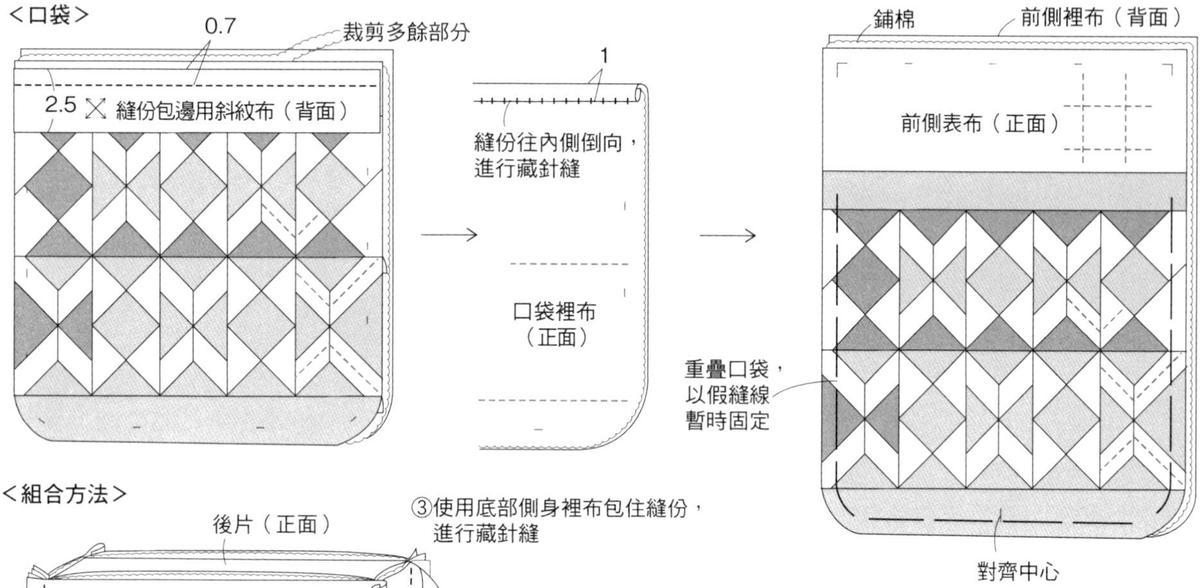
0.7
裁剪多餘部分
2.5
縫份包邊用斜紋布（背面）
1
縫份往內側倒向，
進行藏針縫
口袋裡布
（正面）
鋪棉
前側裡布（背面）
前側表布（正面）
重疊口袋，
以假縫線
暫時固定
對齊中心

<組合方法>

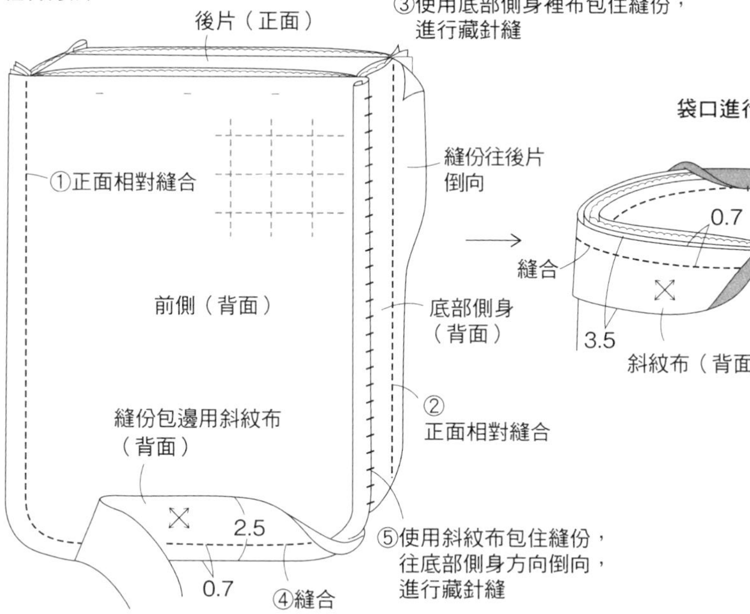
後片（正面）
③使用底部側身裡布包住縫份，
進行藏針縫
①正面相對縫合
縫份往後片
倒向
前側（背面）
底部側身
（背面）
②
正面相對縫合
縫份包邊用斜紋布
（背面）
2.5
0.7
④縫合
⑤使用斜紋布包住縫份，
往底部側身方向倒向，
進行藏針縫

袋口進行滾邊

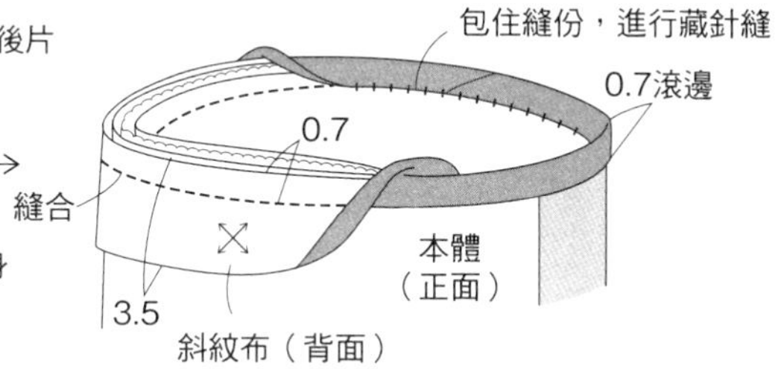
包住縫份，進行藏針縫
0.7滾邊
0.7
縫合
本體
（正面）
3.5
斜紋布（背面）

完成圖

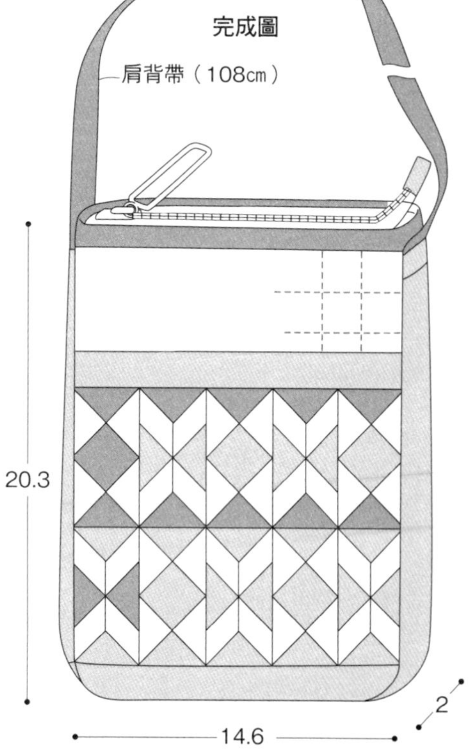
肩背帶（108㎝）
20.3
2
14.6

裝上拉鍊

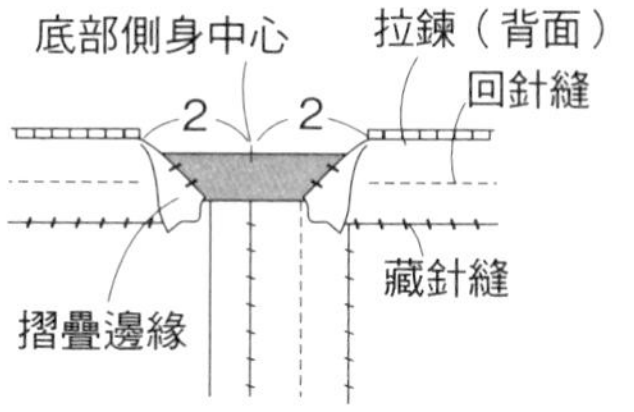
底部側身中心
拉鍊（背面）
2
2
回針縫
藏針縫
摺疊邊緣

相反側

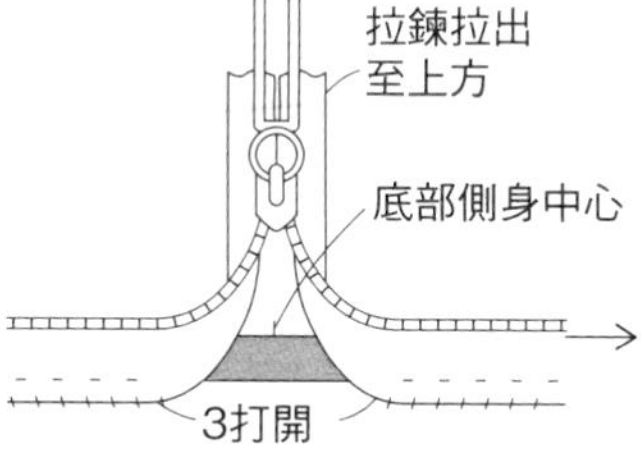
拉鍊拉出
至上方
底部側身中心
3打開

裝上肩背帶

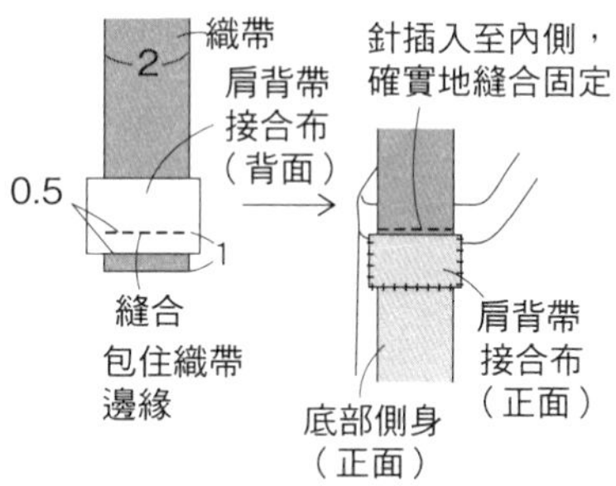
織帶
2
肩背帶
接合布
（背面）
0.5
1
縫合
包住織帶
邊緣
針插入至內側，
確實地縫合固定
肩背帶
接合布
（正面）
底部側身
（正面）

摺疊拉鍊邊緣，以拉鍊尾片包邊

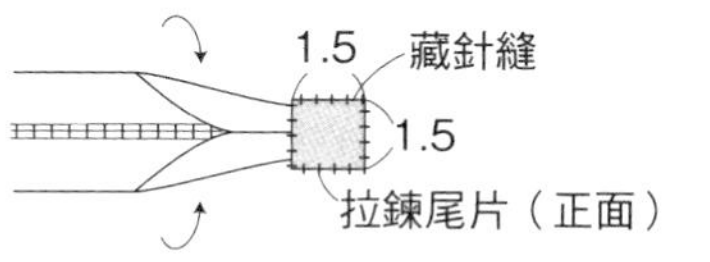
1.5
藏針縫
1.5
拉鍊尾片（正面）

19 針插・刺蝟

作品……p.34

材料

拼接用布…使用零碼布（包含耳朵）、本體（包含手腳）…白色毛氈布20×20cm、填充棉花・25號繡線灰色各適量

作法

1 進行拼接，製作針插表布。
2 縫合身體的皺褶，正面摺入針插下方的縫份後重疊。
以疏縫暫時固定。製作對稱的兩組。
3 2片身體正面相對，預留返口，縫合周圍。
4 翻回正面，塞入棉花，調整形狀，縫合返口。
5 製作耳朵，拆下針插的假縫線，插入耳朵後進行藏針縫。
6 臉部進行刺繡。
7 製作手腳，縫合固定於底部。

針山（左右對稱各1片）

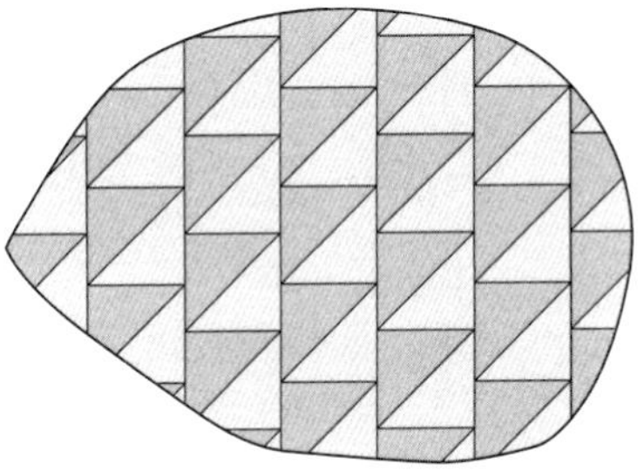

耳朵（表布・裡布各2片）

返口

手腳（表布・裡布各4片）

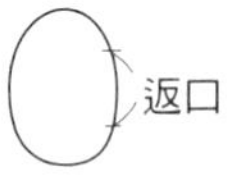
返口

身體（左右對稱各1片）

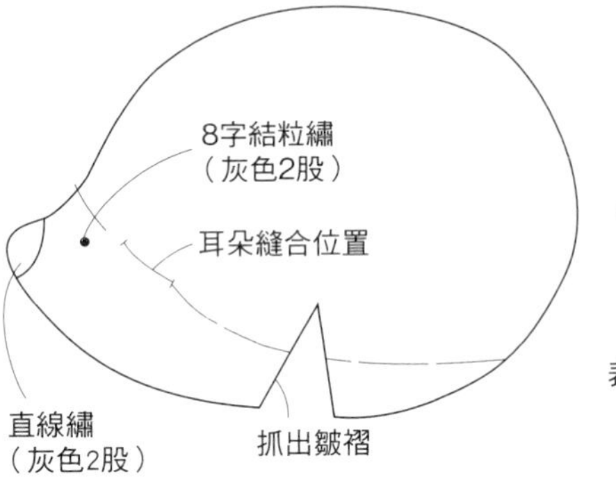
8字結粒繡
（灰色2股）
耳朵縫合位置
直線繡
（灰色2股）
抓出皺褶

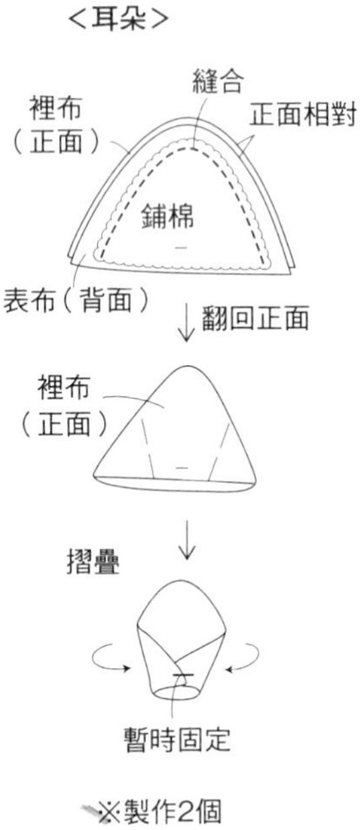
<耳朵>
裡布
（正面）
縫合
正面相對
鋪棉
表布（背面）
翻回正面
裡布
（正面）
摺疊
暫時固定
※製作2個

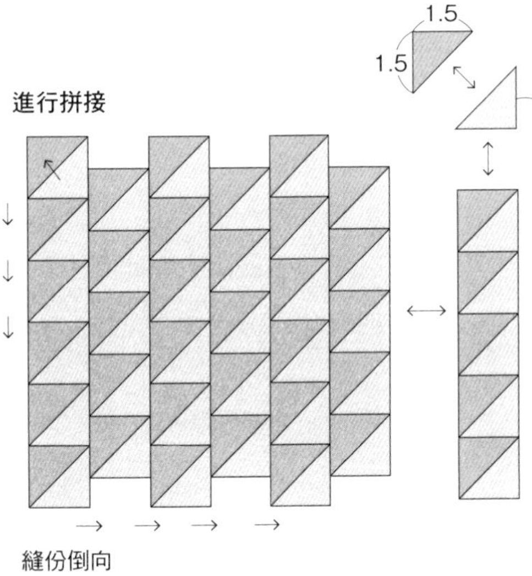
進行拼接
1.5
1.5
加上縫份
縫份倒向

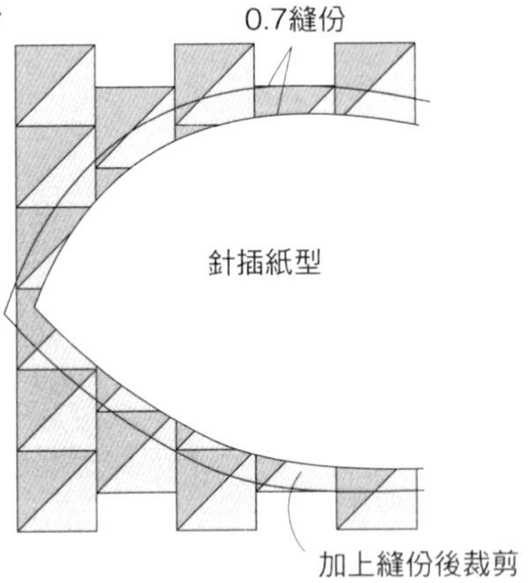
0.7縫份
針插紙型
加上縫份後裁剪

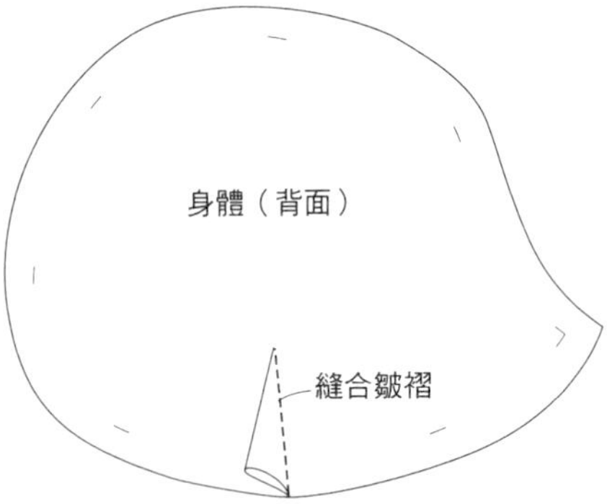
身體（背面）
縫合皺褶

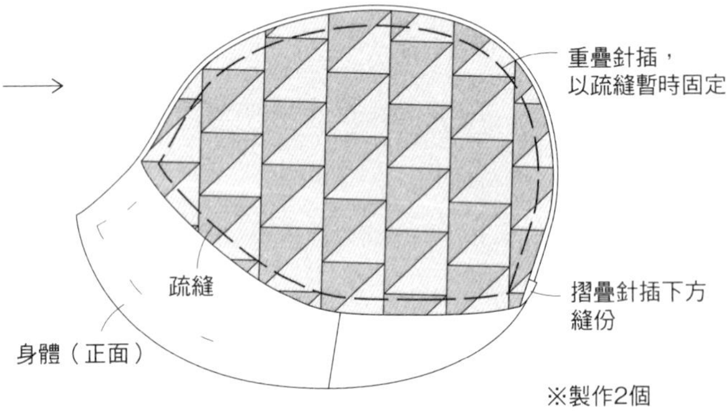
重疊針插，
以疏縫暫時固定
疏縫
摺疊針插下方
縫份
身體（正面）
※製作2個

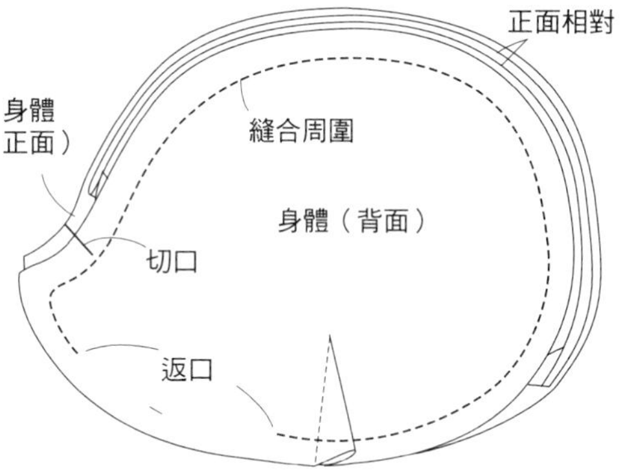
正面相對
身體
（正面）
縫合周圍
身體（背面）
切口
返口

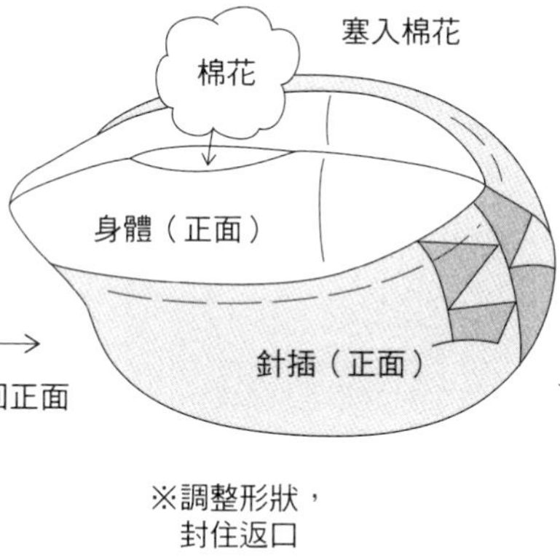
翻回正面
塞入棉花
棉花
身體（正面）
針插（正面）
※調整形狀，
封住返口

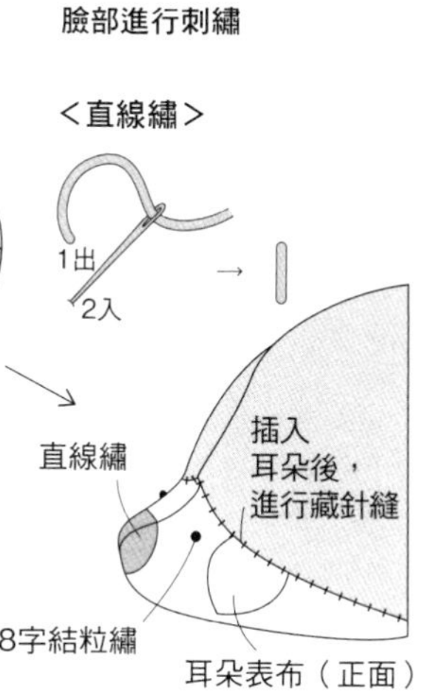
臉部進行刺繡
<直線繡>
1出
2入
直線繡
插入
耳朵後，
進行藏針縫
8字結粒繡
耳朵表布（正面）

<手腳>

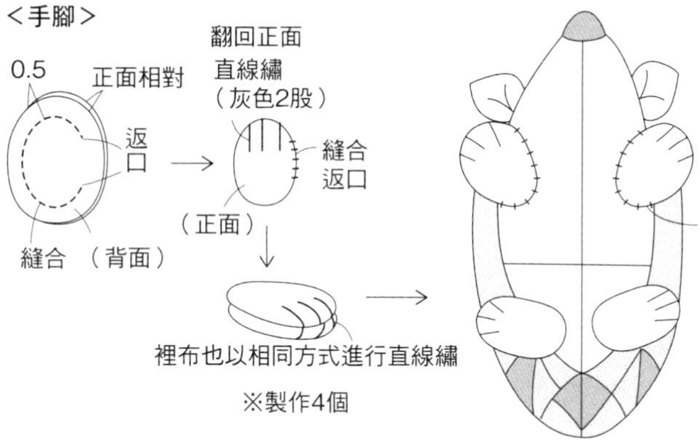
0.5
正面相對
返
口
縫合
（背面）
翻回正面
直線繡
（灰色2股）
縫合
返口
（正面）
裡布也以相同方式進行直線繡
※製作4個
藏針縫

完成圖

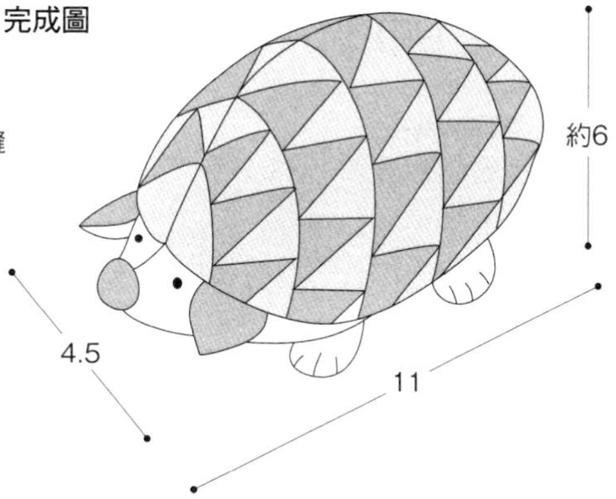
約6
4.5
11

原寸紙型

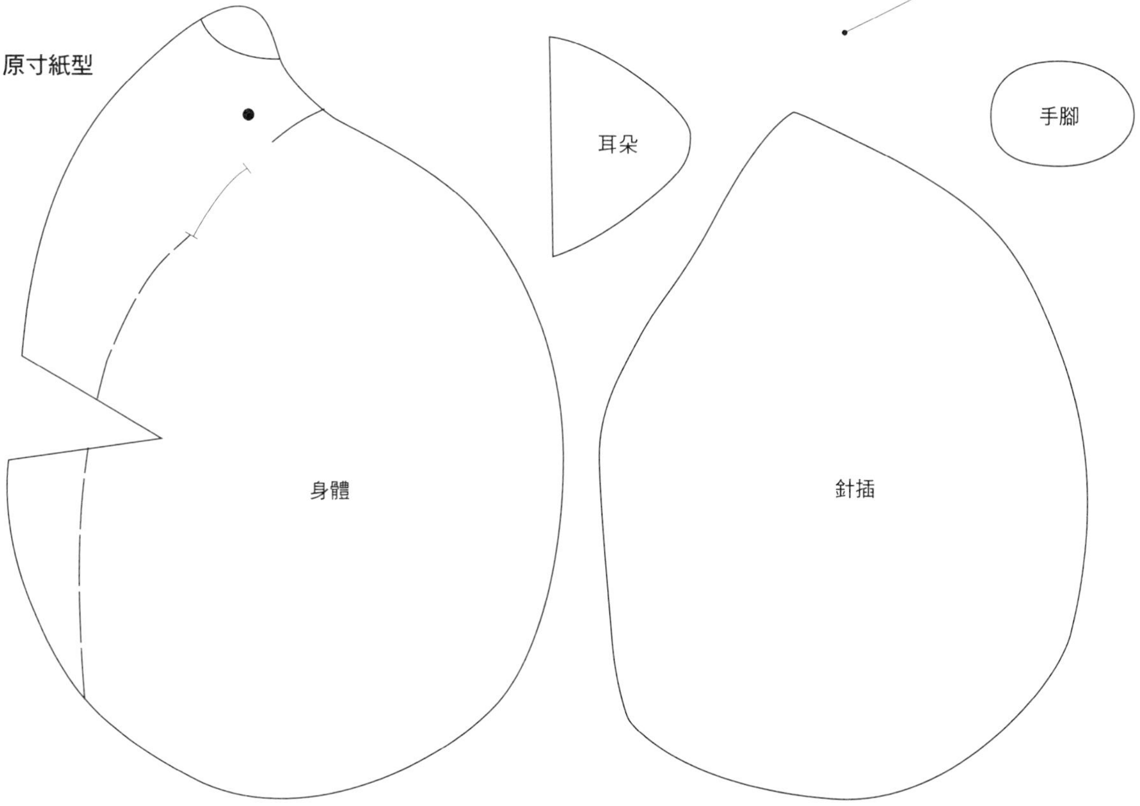
耳朵
手腳
身體
針插

19

作品……p.34

針插・孔雀

材料

底布・貼布縫用布…使用零碼布（包含本體、嘴巴）、裡布・鋪棉各15×15cm、填充棉花・25號繡線各色適量

作法

1 進行貼布縫・刺繡，製作羽毛表布。
2 1與裡布正面相對，重疊鋪棉，預留返口，縫合周圍。
3 翻回正面，縫合返口，進行壓線。
4 2片本體與底部正面相對，各自從記號處縫至記號處。
5 2片本體正面相對，從記號處縫至記號處。
6 翻回正面，塞入棉花，縫合返口，加上嘴巴及頭冠。
7 在本體上縫合固定羽毛。

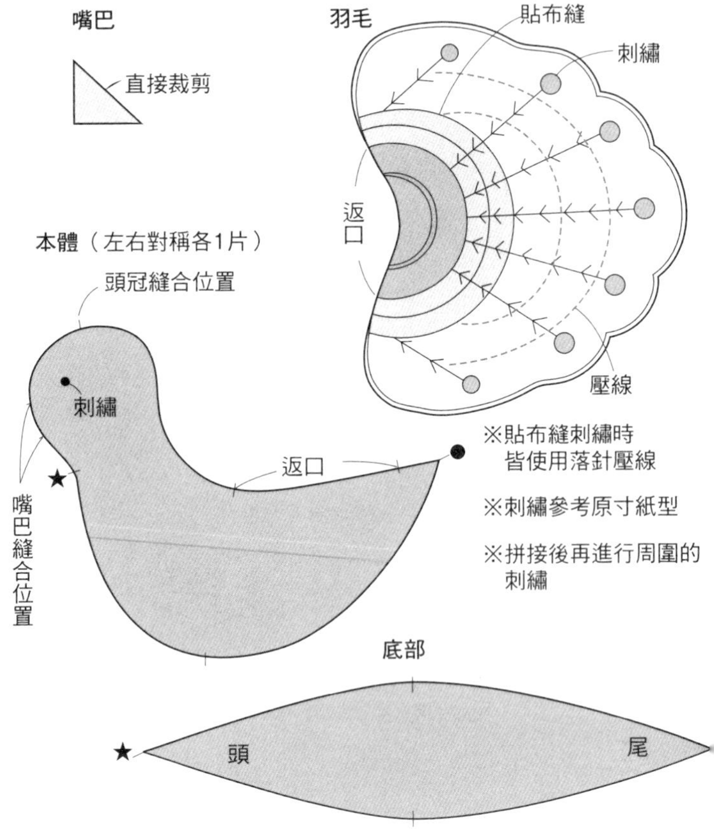

嘴巴
直接裁剪
羽毛
貼布縫
刺繡
返口
壓線
※貼布縫刺繡時皆使用落針壓線
※刺繡參考原寸紙型
※拼接後再進行周圍的刺繡
本體（左右對稱各1片）
頭冠縫合位置
刺繡
返口
嘴巴縫合位置
底部
頭
尾

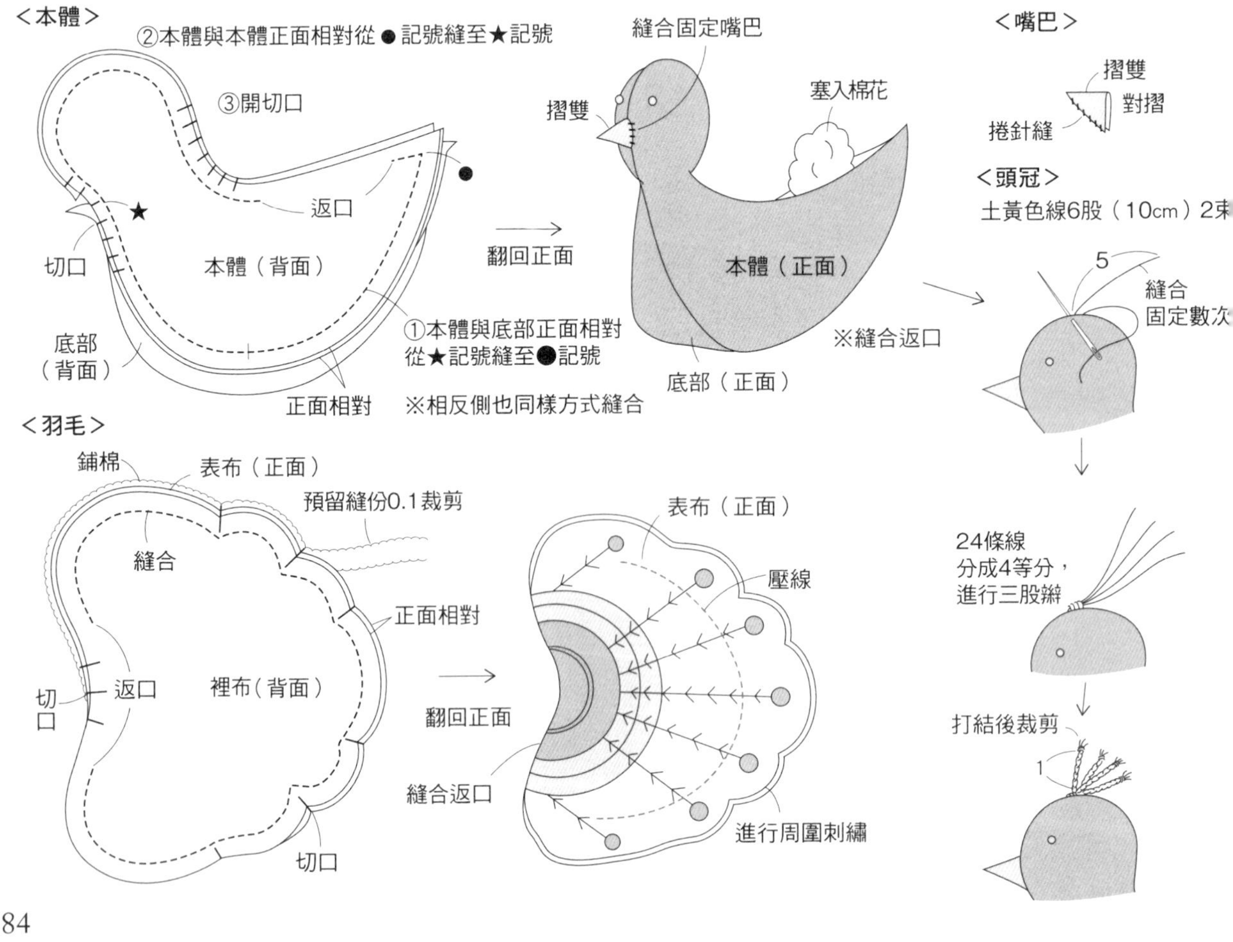

<本體>
②本體與本體正面相對從●記號縫至★記號
③開切口
返口
切口
本體（背面）
底部（背面）
①本體與底部正面相對從★記號縫至●記號
正面相對
※相反側也同樣方式縫合
翻回正面
縫合固定嘴巴
摺雙
塞入棉花
本體（正面）
※縫合返口
底部（正面）
<嘴巴>
摺雙
對摺
捲針縫
<頭冠>
土黃色線6股（10cm）2束
5
縫合固定數次
24條線分成4等分，進行三股辮
打結後裁剪
1
<羽毛>
鋪棉
表布（正面）
預留縫份0.1裁剪
縫合
正面相對
返口
切口
裡布（背面）
切口
翻回正面
表布（正面）
壓線
縫合返口
進行周圍刺繡

<組合方法>

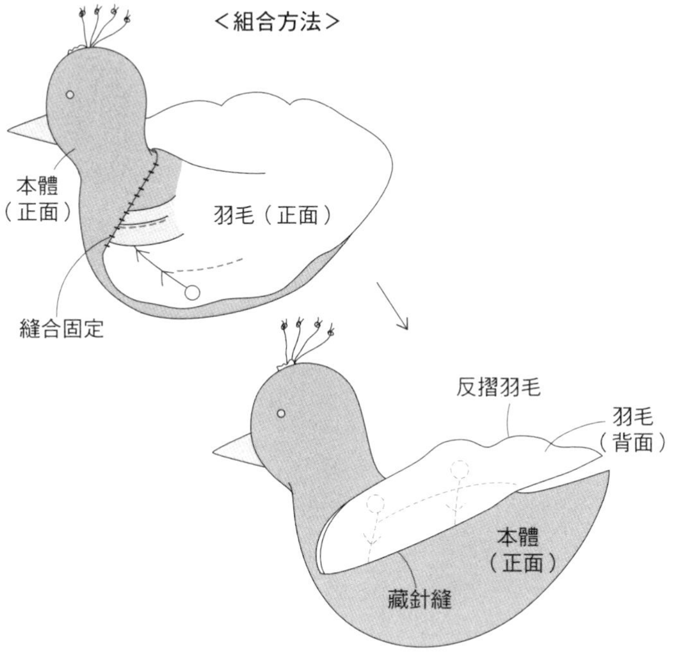
本體
（正面）
羽毛（正面）
縫合固定
反摺羽毛
羽毛
（背面）
本體
（正面）
藏針縫

完成圖

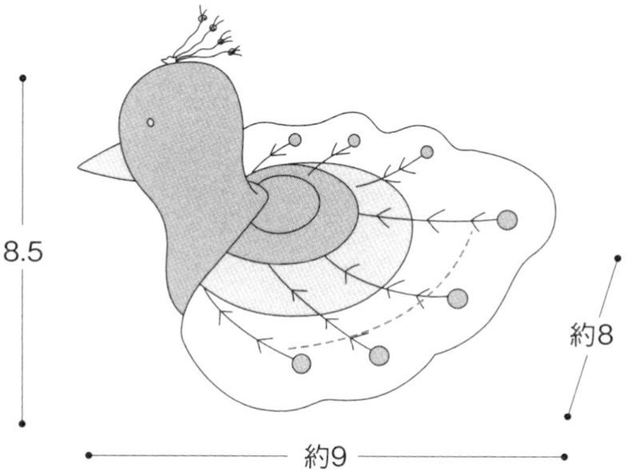
8.5
約8
約9

原寸紙型

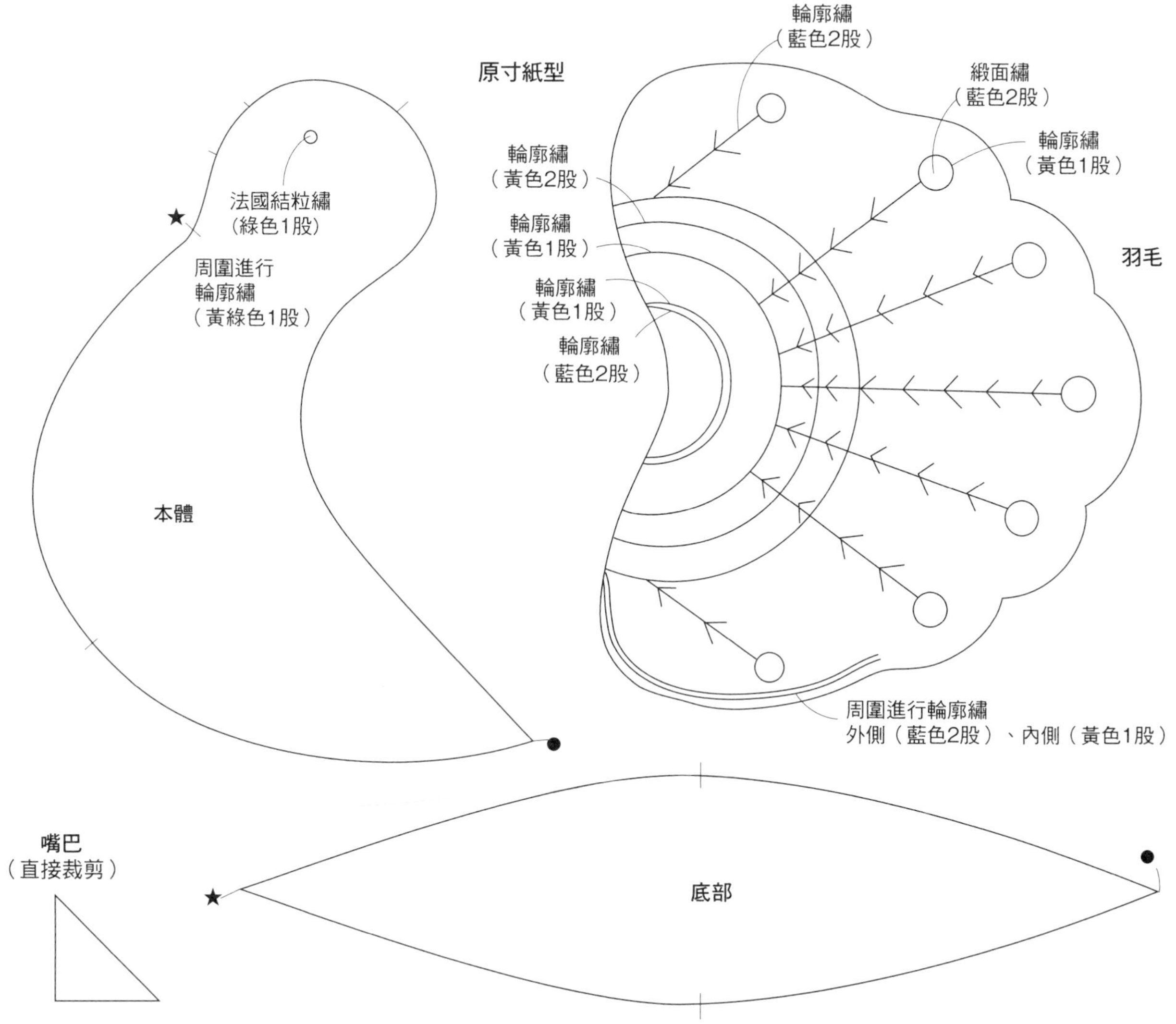
法國結粒繡
（綠色1股）
周圍進行
輪廓繡
（黃綠色1股）
本體
輪廓繡
（藍色2股）
緞面繡
（藍色2股）
輪廓繡
（黃色1股）
輪廓繡
（黃色2股）
輪廓繡
（黃色1股）
輪廓繡
（黃色1股）
輪廓繡
（藍色2股）
羽毛
周圍進行輪廓繡
外側（藍色2股）、內側（黃色1股）
嘴巴
（直接裁剪）
底部

20 小豬情侶娃娃

作品……p. 36

材料（男孩）

羊毛布…20×20㎝、棉麻素布20×15㎝、棉麻彩色布15×10㎝、灰色素布10×5㎝、領結用適量、木珠1個、黑・白串珠各2個、填充棉花・25號繡線各色適量、（女孩）寬0.7㎝緞帶9㎝

作法

1 參考裁剪圖示裁布，製作頭、身體、手、腳、耳朵。
2 頭部後片加上耳朵，往前片倒向，縫合固定。
3 身體加上頭、手、腳。
4 製作臉部。
5 男孩加上領結，女孩的頸部纏繞緞帶，縫合固定。

★原寸紙型P.89

裁布圖

※縫份皆為0.5㎝

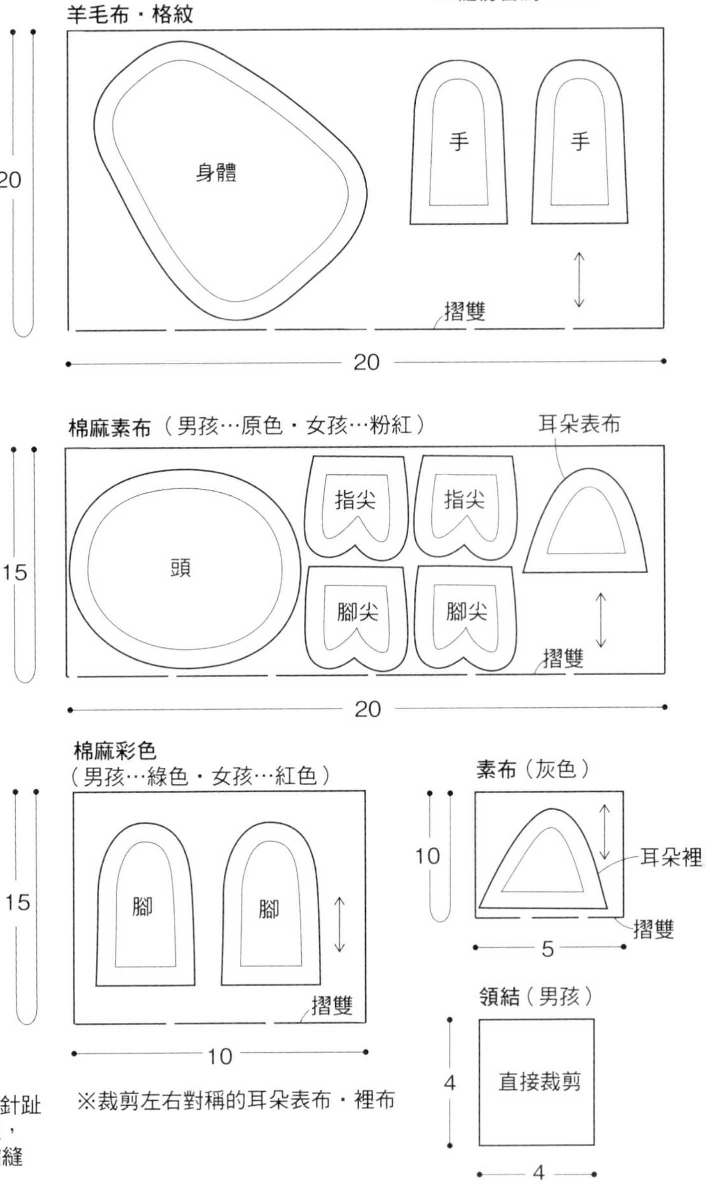

羊毛布・格紋
20
身體
手
手
摺雙
20
棉麻素布（男孩…原色・女孩…粉紅）
耳朵表布
15
頭
指尖
指尖
腳尖
腳尖
摺雙
20
棉麻彩色
（男孩…綠色・女孩…紅色）
15
腳
腳
摺雙
10
素布（灰色）
10
耳朵裡
摺雙
5
領結（男孩）
4
直接裁剪
4

※裁剪左右對稱的耳朵表布・裡布

<頭>

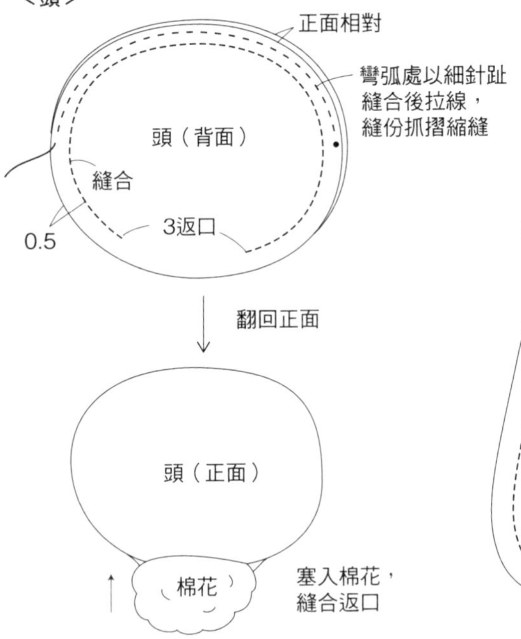

正面相對
彎弧處以細針趾
縫合後拉線，
縫份抓摺縮縫
頭（背面）
縫合
0.5
3返口
翻回正面
頭（正面）
棉花
塞入棉花，
縫合返口

<身體>

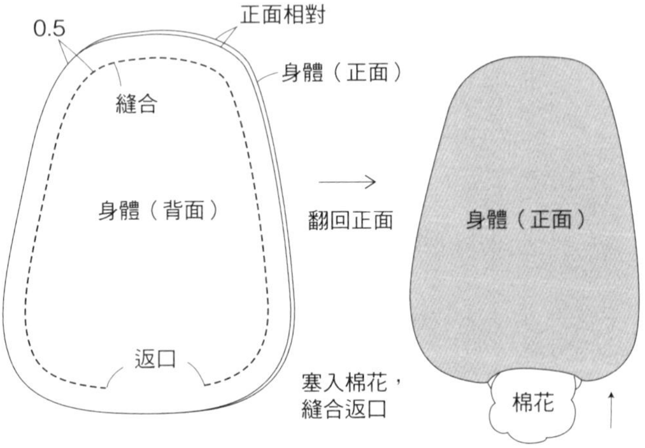

0.5
正面相對
身體（正面）
縫合
身體（背面）
翻回正面
身體（正面）
返口
塞入棉花，
縫合返口
棉花

＜手與腳＞

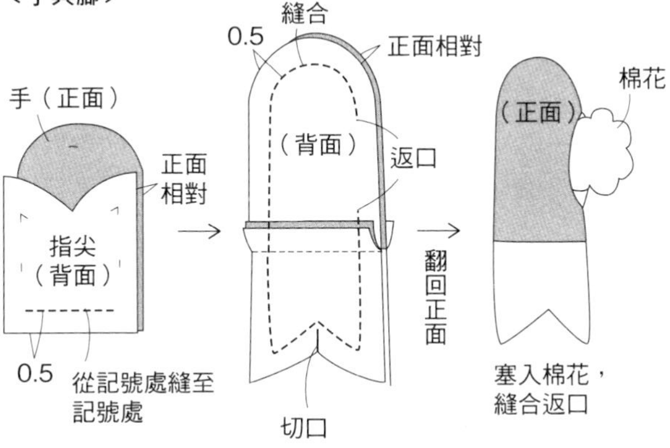
手（正面）
正面
相對
指尖
（背面）
0.5
從記號處縫至
記號處
縫合
0.5
正面相對
（背面）
返口
切口
翻回正面
棉花
（正面）
塞入棉花，
縫合返口

※腳也以相同方式製作

＜耳朵＞

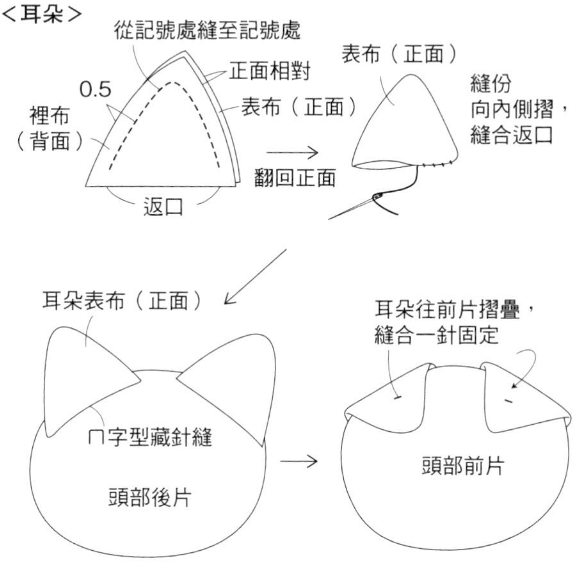
從記號處縫至記號處
正面相對
0.5
裡布
（背面）
表布（正面）
返口
翻回正面
表布（正面）
縫份
向內側摺，
縫合返口
耳朵表布（正面）
ㄇ字型藏針縫
頭部後片
耳朵往前片摺疊，
縫合一針固定
頭部前片

＜組合方法＞

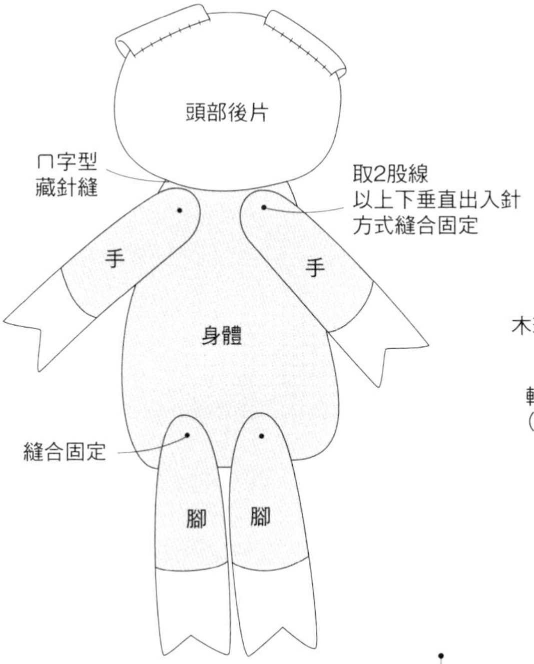
頭部後片
ㄇ字型
藏針縫
取2股線
以上下垂直出入針
方式縫合固定
手
手
身體
縫合固定
腳
腳

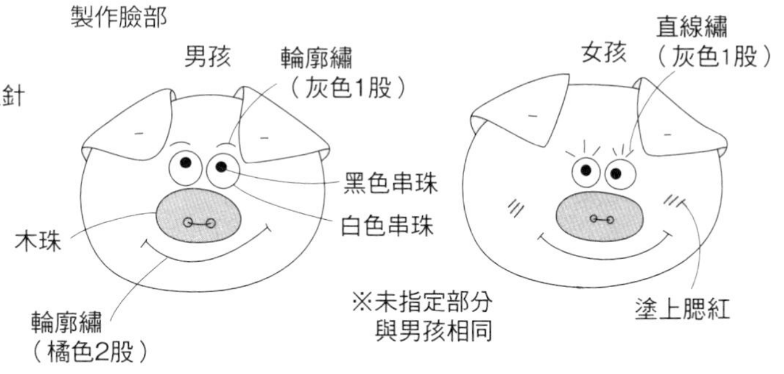
製作臉部
男孩
輪廓繡
（灰色1股）
黑色串珠
白色串珠
木珠
輪廓繡
（橘色2股）
女孩
直線繡
（灰色1股）
塗上腮紅
※未指定部分
與男孩相同

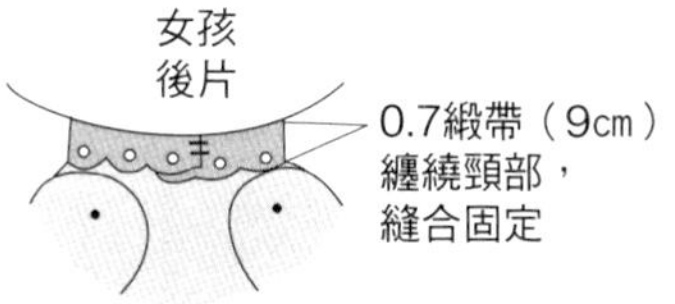
女孩
後片
0.7緞帶（9cm）
纏繞頸部，
縫合固定

＜領結＞

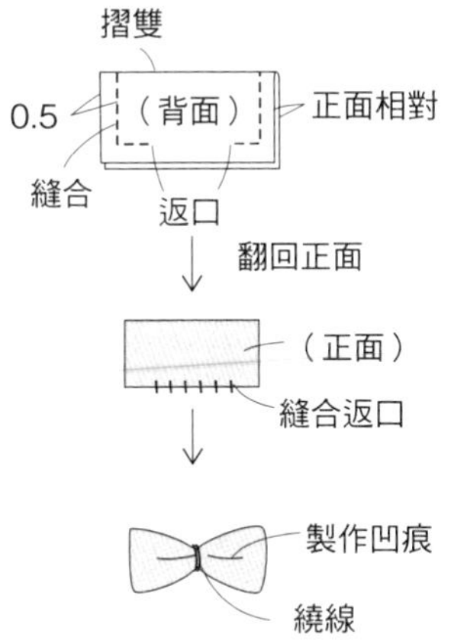
摺雙
0.5
（背面）
正面相對
縫合
返口
翻回正面
（正面）
縫合返口
製作凹痕
繞線

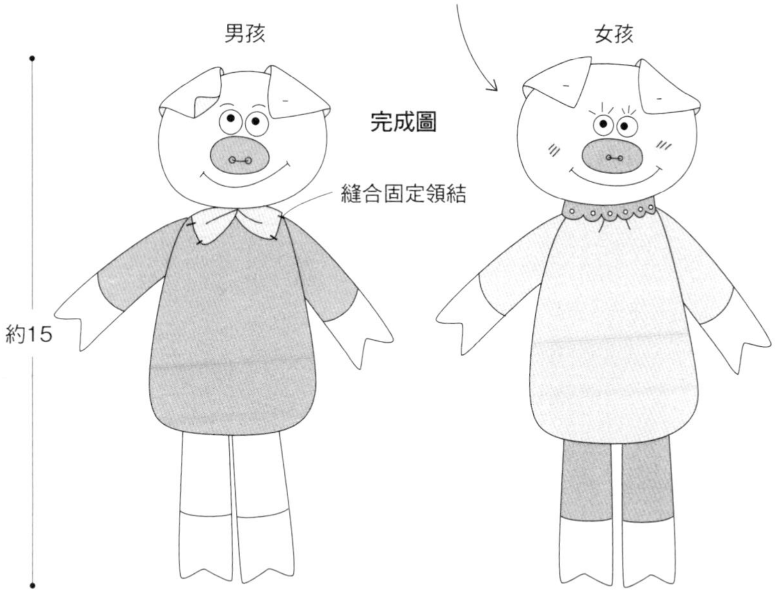
男孩
女孩
完成圖
縫合固定領結
約15

21 ◀ 作品……p.38

手機袋

材料
底布・裡布・鋪棉各30×25cm、貼布縫用布…使用零碼布、口金18×10cm、附鋅鉤手腕帶1條、牛仔布線・25號繡線各色適量

作法
1. 底布進行貼布縫、刺繡。
2. 1重疊裡布及鋪棉，預留返口，縫合周圍。
3. 翻回正面，縫合返口，進行壓線。
4. 正面相對對摺，縫合底側。
5. 翻回正面，加上口金。

配置圖

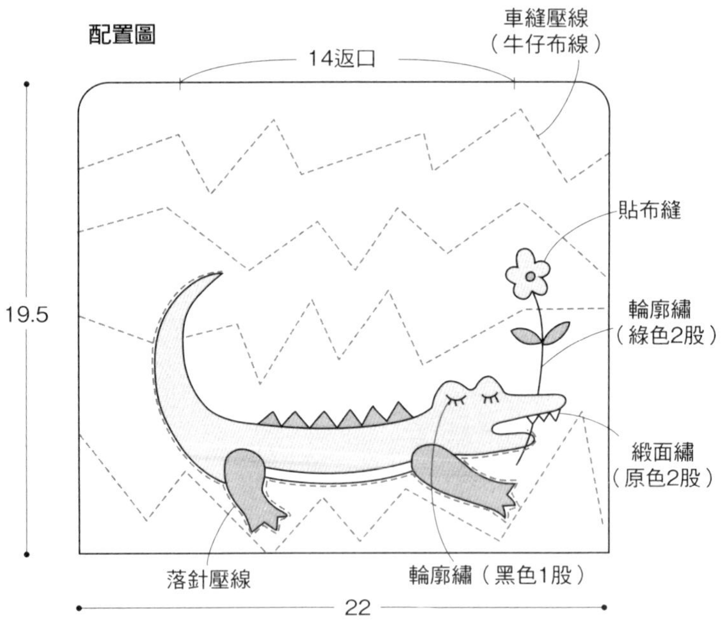

車縫壓線
（牛仔布線）
14返口
貼布縫
19.5
輪廓繡
（綠色2股）
緞面繡
（原色2股）
落針壓線
輪廓繡（黑色1股）
22

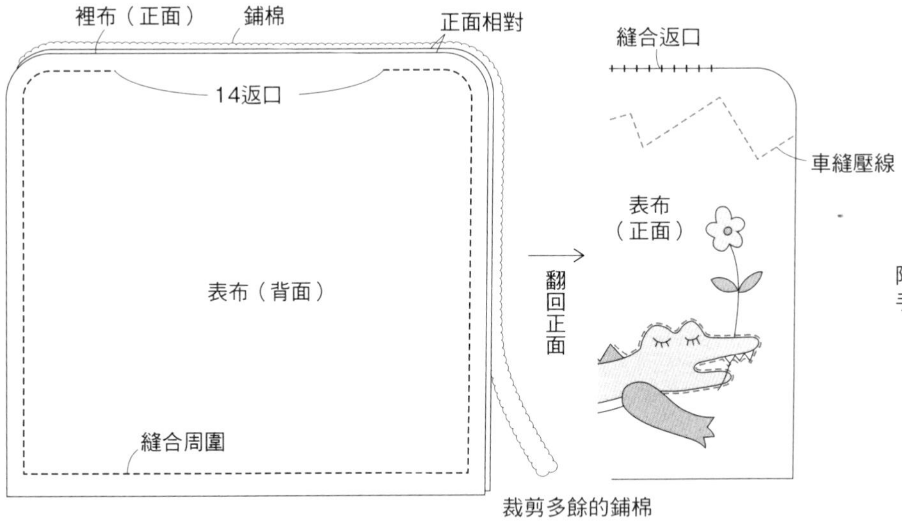

裡布（正面）
鋪棉
正面相對
14返口
表布（背面）
縫合周圍
裁剪多餘的鋪棉
翻回正面
縫合返口
車縫壓線
表布
（正面）

完成圖

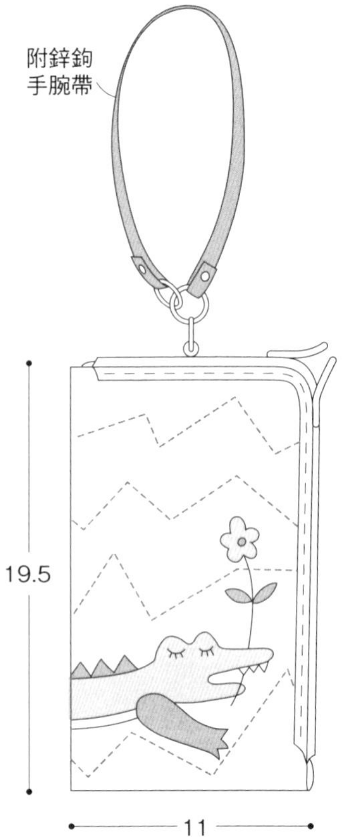

附鋅鉤
手腕帶
19.5
11

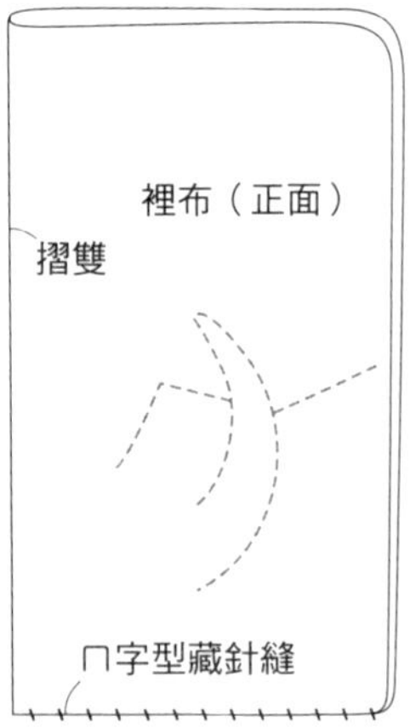

裡布（正面）
摺雙
ㄇ字型藏針縫

加上口金

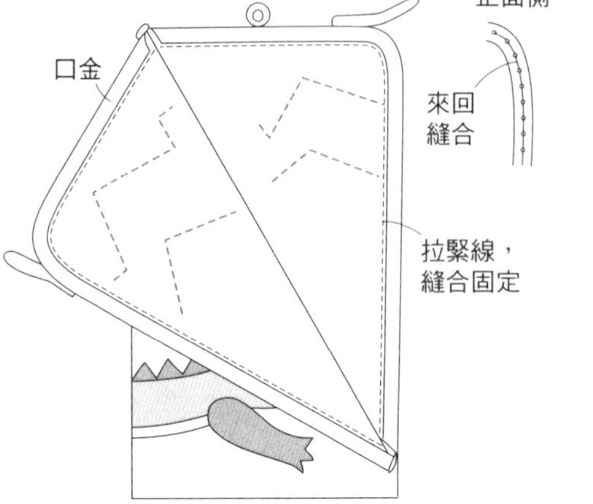

口金
正面側
來回
縫合
拉緊線，
縫合固定

20 原寸紙型
小豬情侶娃娃

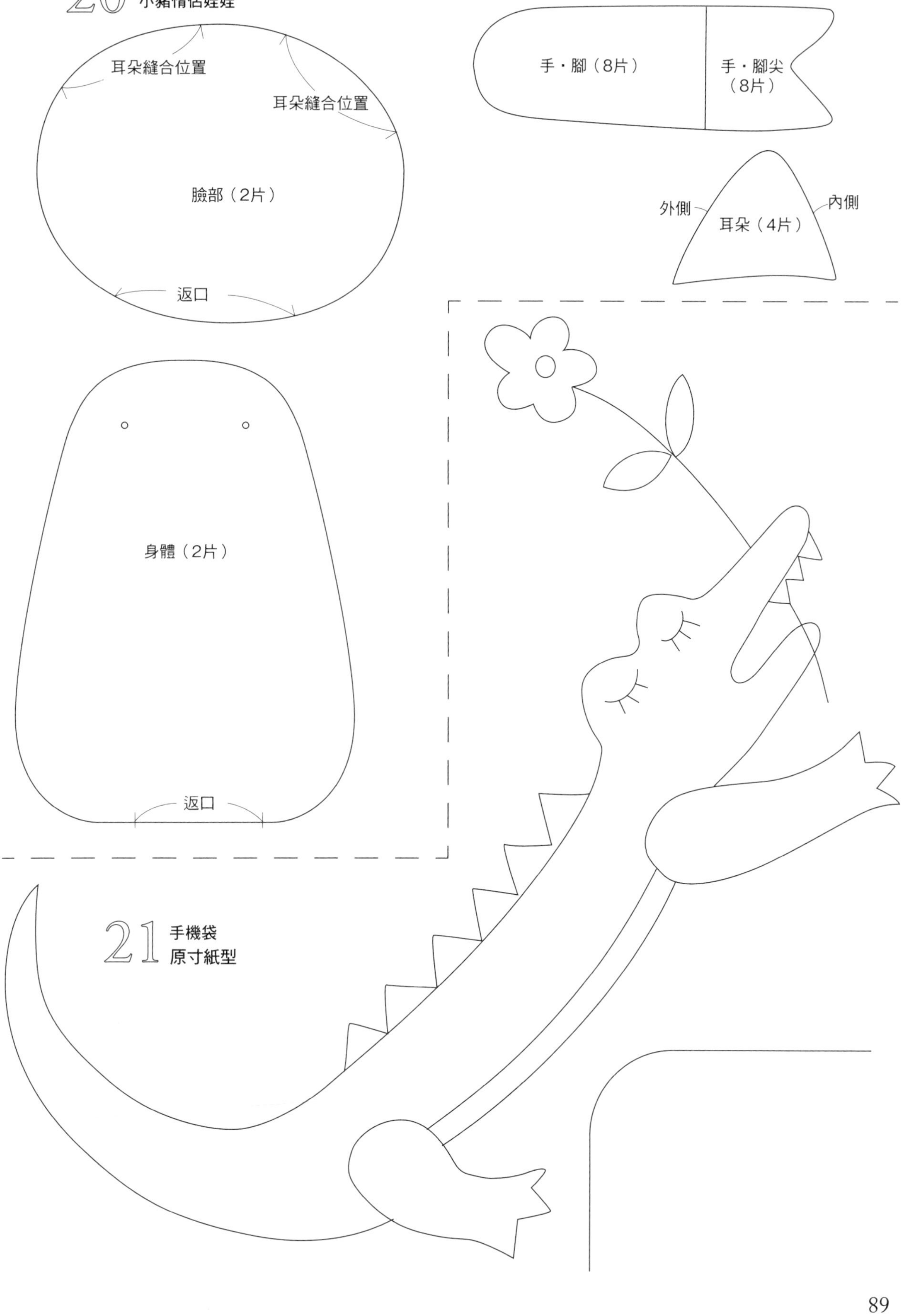
耳朵縫合位置
耳朵縫合位置
臉部（2片）
返口
手・腳（8片）
手・腳尖
（8片）
外側
內側
耳朵（4片）
身體（2片）
返口

21 手機袋
原寸紙型

22 彈簧口金波奇包

作品……p.40

材料（牛）

拼接・貼布縫用布…使用零碼布（含口布、D型環釦絆布）、裡布・鋪棉各25×20cm、寬10cm一字彈簧口金1組、1.5cm D型環1個、25號繡線各色適量

作法

1 底布進行貼布縫、刺繡，製作前片表布。
2 製作D型環釦絆布，夾入1與後片表布，縫合。
3 製作口布，暫時固定上下邊。
4 3與裡布及鋪棉正面相對，縫合上下邊。
5 翻回背面，縫合口布邊緣，進行壓線。
6 正面相對，縫合脇邊。使用裡布進行縫份包邊。
7 加上彈簧口金。

配置圖　牛前片（※後片為1片布）

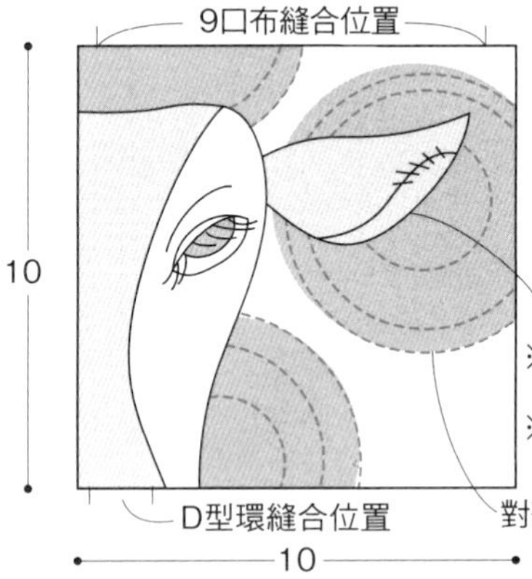

9口布縫合位置
10
貼布縫
※刺繡參考原寸紙型
※貼布縫、刺繡使用落針壓線
D型環縫合位置
對齊圖案，進行壓線
10

口布（3款相同各4片）

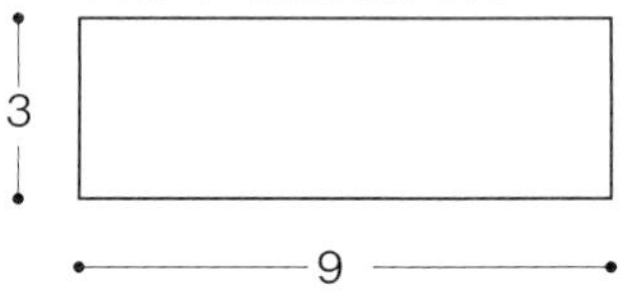

3
9

D型環釦絆布

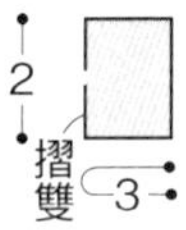

2
摺雙
3

老鼠前片

耳朵縫合位置
重疊耳朵後，進行壓線
貼布縫
1.2方格壓線
尾巴縫合位置

老虎前片

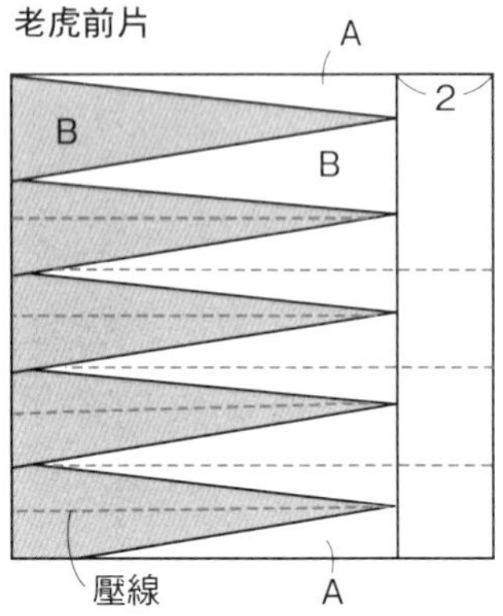

A
2
B
B
壓線
A

老鼠耳朵（4片）

返口

原寸紙型

※刺繡皆為輪廓繡

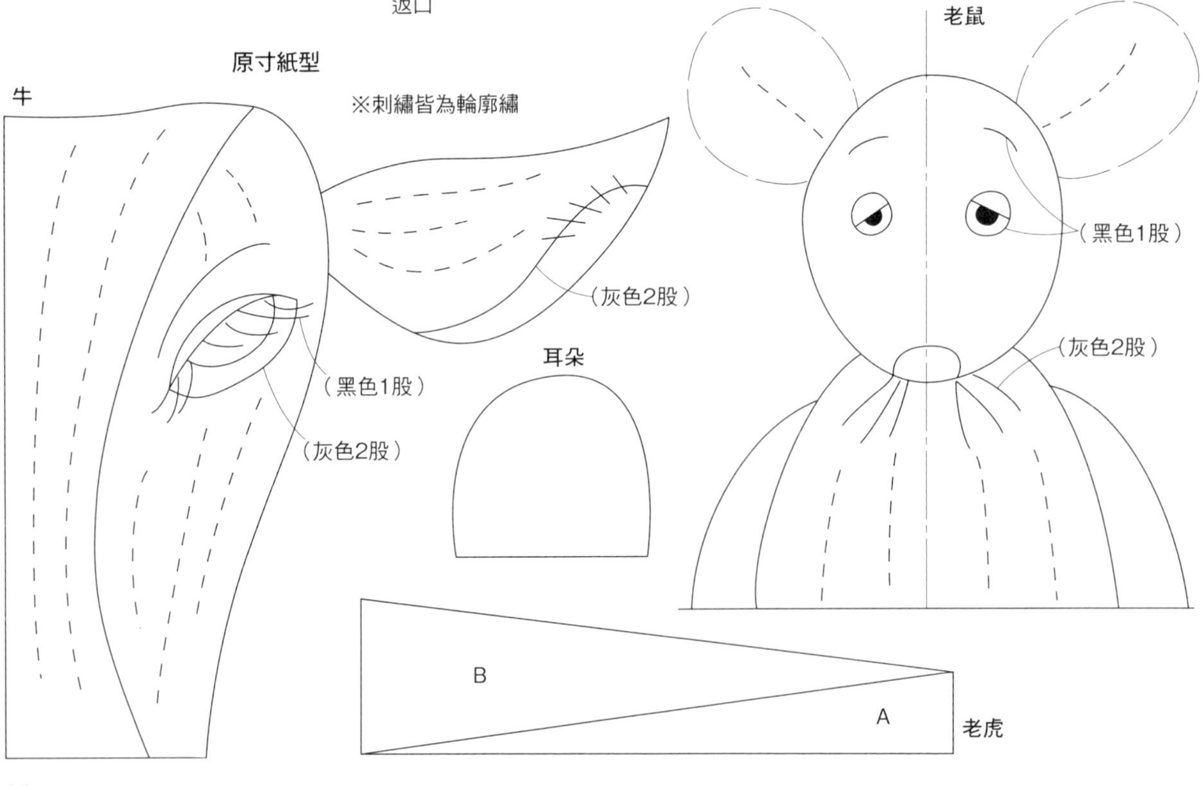

牛
(灰色2股)
(黑色1股)
(灰色2股)
老鼠
(黑色1股)
(灰色2股)
耳朵
B
A
老虎

<口布>

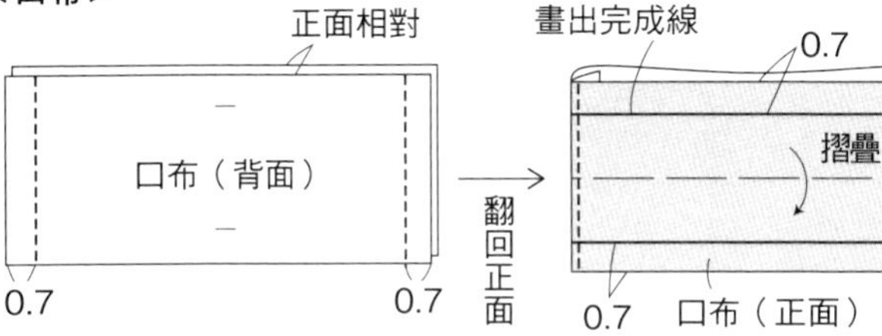
正面相對
口布（背面）
0.7
0.7
翻回正面
畫出完成線
0.7
摺疊
0.2車縫
0.7
口布（正面）

<D型環釦絆布>

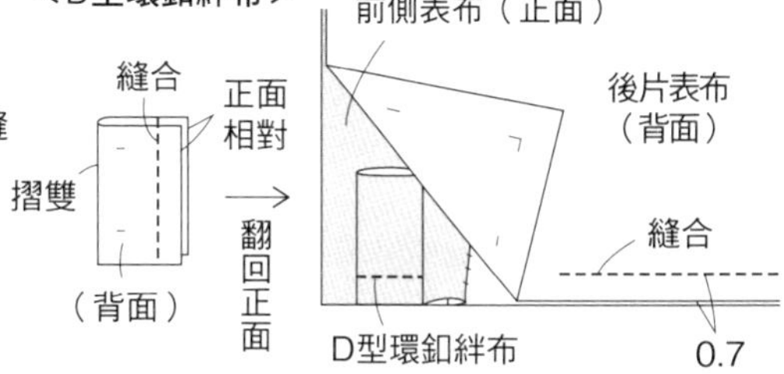
縫合
正面相對
摺雙
（背面）
翻回正面
前側表布（正面）
後片表布（背面）
縫合
D型環釦絆布
0.7

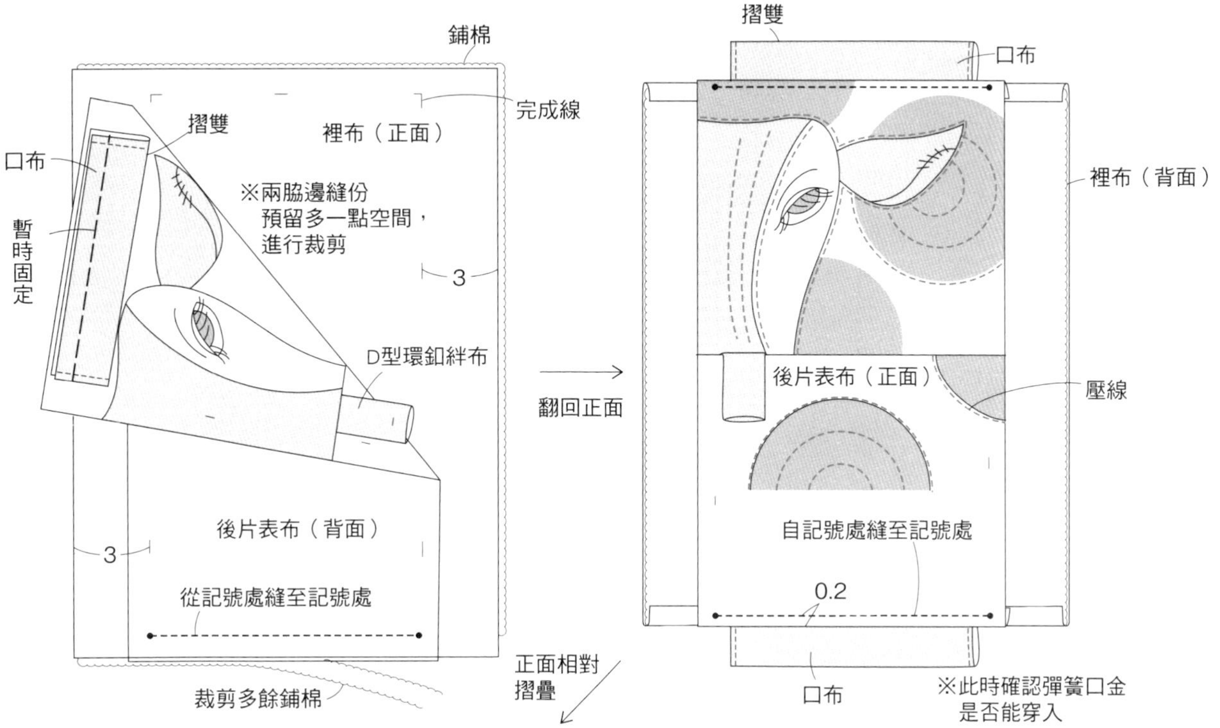
鋪棉
完成線
摺雙
裡布（正面）
口布
暫時固定
※兩脇邊縫份
預留多一點空間，
進行裁剪
3
D型環釦絆布
後片表布（背面）
3
從記號處縫至記號處
裁剪多餘鋪棉
翻回正面
摺雙
口布
裡布（背面）
後片表布（正面）
壓線
自記號處縫至記號處
0.2
口布
※此時確認彈簧口金
是否能穿入
正面相對
摺疊

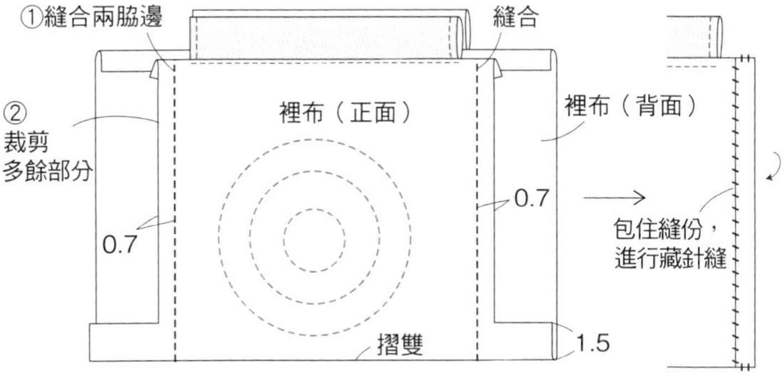
①縫合兩脇邊
縫合
②
裁剪
多餘部分
裡布（正面）
裡布（背面）
0.7
0.7
包住縫份，
進行藏針縫
摺雙
1.5

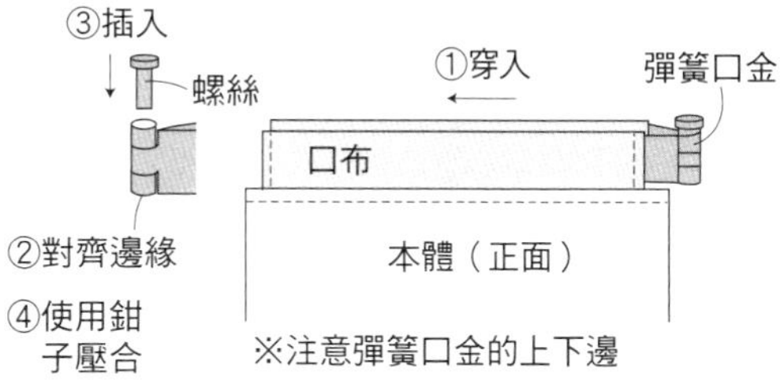
③插入
螺絲
②對齊邊緣
④使用鉗
子壓合
①穿入
彈簧口金
口布
本體（正面）
※注意彈簧口金的上下邊

<老鼠>

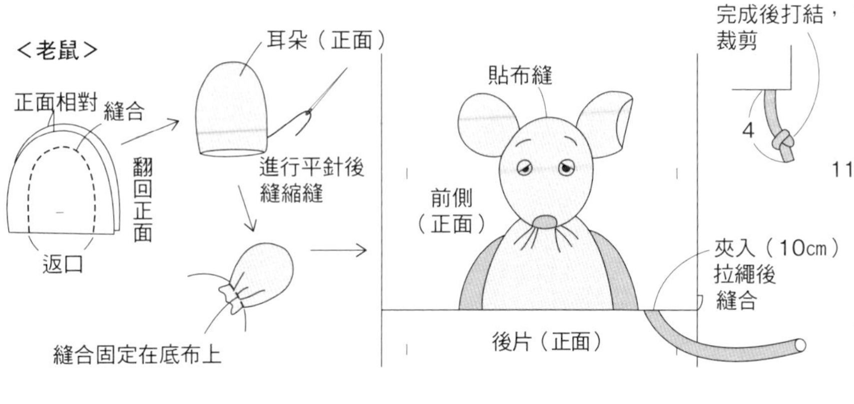
正面相對
縫合
翻回正面
返口
耳朵（正面）
進行平針後
縫縮縫
縫合固定在底布上
貼布縫
前側
（正面）
後片（正面）
夾入（10cm）
拉繩後
縫合
完成後打結，
裁剪
4

完成圖　（牛）

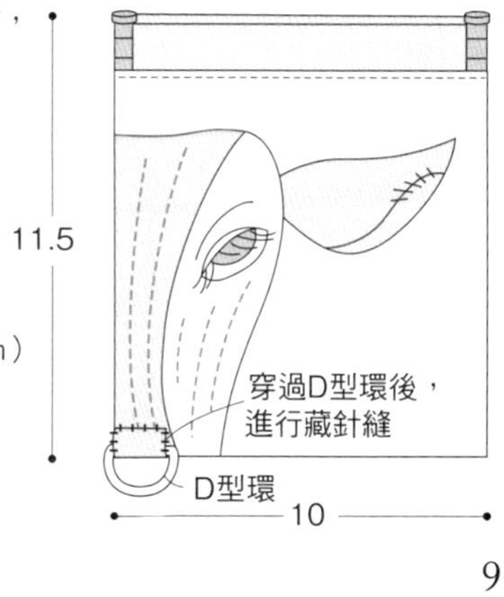
11.5
穿過D型環後，
進行藏針縫
D型環
10

23 別針・貓

作品……p.41

材料

使用含毛氈布・絨面革材質的零碼布、底布用厚毛氈布5×8cm、直徑2.4cm塑膠鈕釦1個、寬3cm別針1個、直徑0.1cm鐵絲30cm、填充棉花・羊毛・25號繡線各色各適量

作法

1. 身體的背面重疊厚毛氈布，貼合縫份。
2. 前片身體進行貼布縫、刺繡。
3. 以布纏繞鐵絲，製作尾巴及腳。
4. 後片身體的背面貼上尾巴及腳，夾入棉花，與3背面相對，周圍進行捲針縫。
5. 在頭的前片刺繡臉部，包住塑膠鈕釦，進行縮縫。
6. 頭部的後片以毛氈布包住拉緊。
7. 頭部前、後片夾入耳朵，縫合周圍，固定在身體。
8. 後片加上別針。

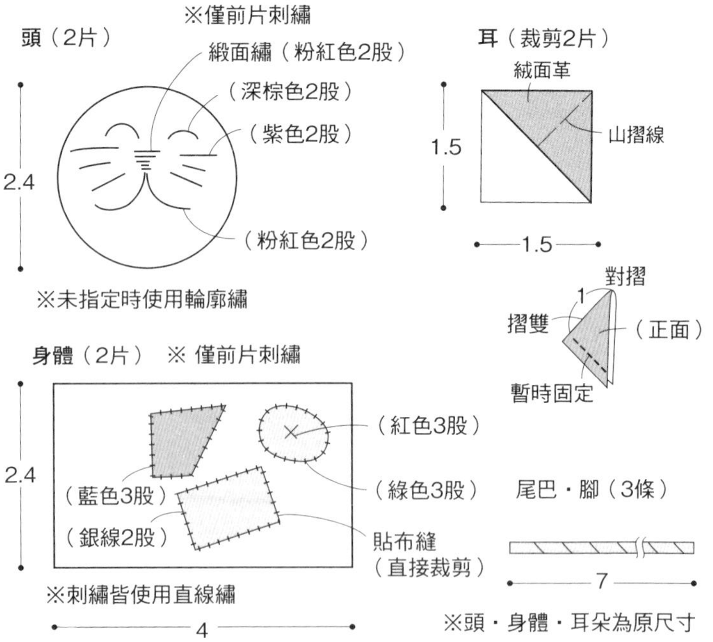

頭（2片）
※僅前片刺繡
緞面繡（粉紅色2股）
（深棕色2股）
（紫色2股）
（粉紅色2股）
2.4
※未指定時使用輪廓繡
耳（裁剪2片）
絨面革
山摺線
1.5
1.5
對摺
1
摺雙
（正面）
暫時固定
身體（2片） ※ 僅前片刺繡
（紅色3股）
（綠色3股）
（藍色3股）
（銀線2股）
貼布縫
（直接裁剪）
2.4
4
※刺繡皆使用直線繡
尾巴・腳（3條）
7
※頭・身體・耳朵為原尺寸

<尾巴・腳>

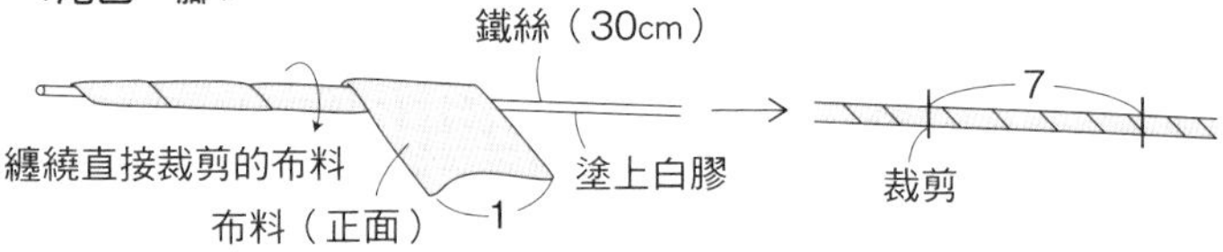

鐵絲（30cm）
纏繞直接裁剪的布料
塗上白膠
布料（正面）
1
7
裁剪

<身體>

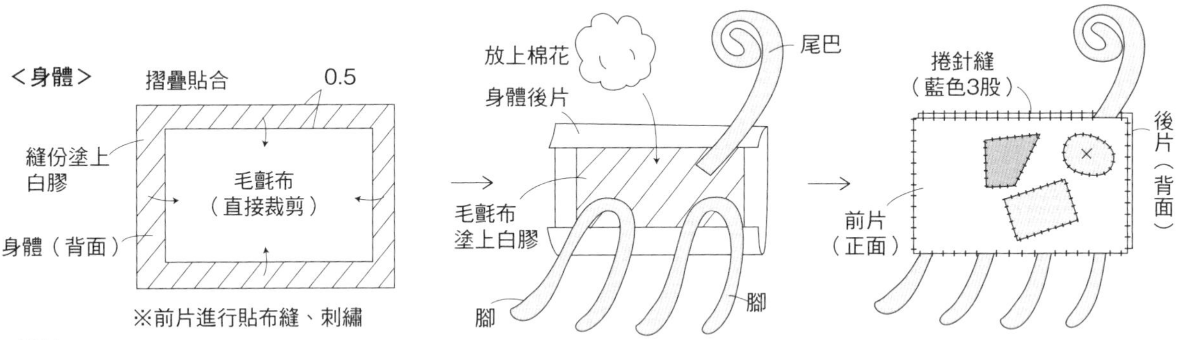

摺疊貼合
0.5
縫份塗上
白膠
毛氈布
（直接裁剪）
身體（背面）
※前片進行貼布縫、刺繡
放上棉花
身體後片
尾巴
毛氈布
塗上白膠
腳
腳
捲針縫
（藍色3股）
後片（背面）
前片
（正面）

<頭>

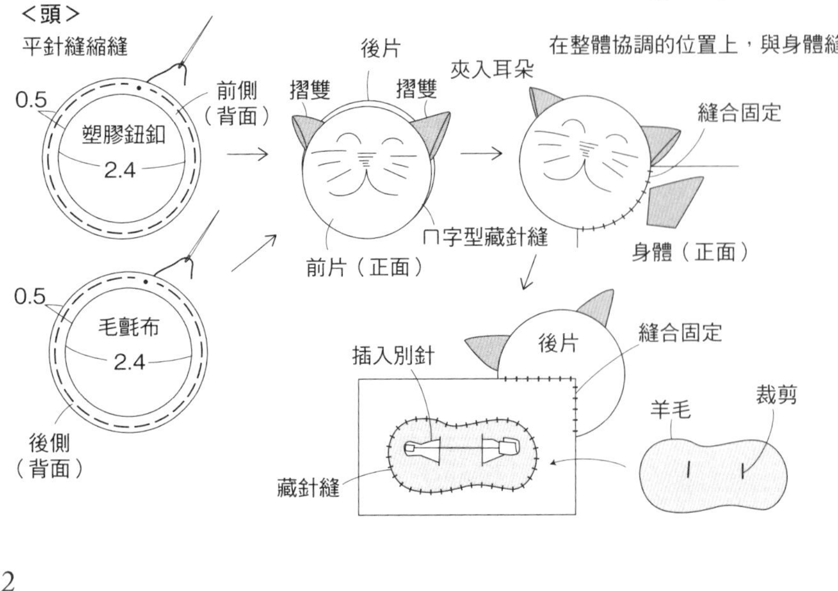

平針縫縮縫
0.5
前側
（背面）
塑膠鈕釦
2.4
後片
摺雙
摺雙
夾入耳朵
前片（正面）
ㄇ字型藏針縫
在整體協調的位置上，與身體縫合
縫合固定
身體（正面）
0.5
毛氈布
2.4
後側
（背面）
插入別針
後片
縫合固定
藏針縫
羊毛
裁剪

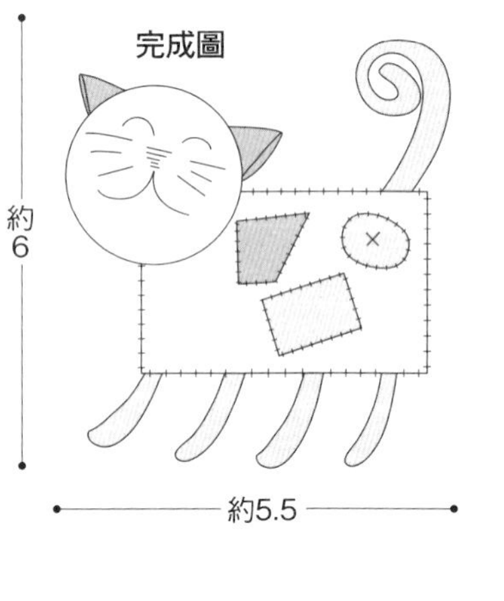

完成圖
約6
約5.5

23 別針・鳥

作品……p. 41

材料

使用含毛氈布的零碼布、底布用厚毛氈布7×7cm、直徑0.1cm鐵絲4cm、寬1cm流蘇織帶3cm、寬3cm別針1個、填充棉花・25號繡線各色各適量

作法

1 前、後底布的背面重疊厚毛氈布，貼上縫份。
2 前片進行貼布縫及刺繡。
3 製作腳與頭冠，使用白膠貼於後片背面。
4 前、後片背面相對，以藏針縫縫合周圍。中間放入少許棉花。
5 穿過別針的毛氈布斜放於後片上，進行藏針縫。

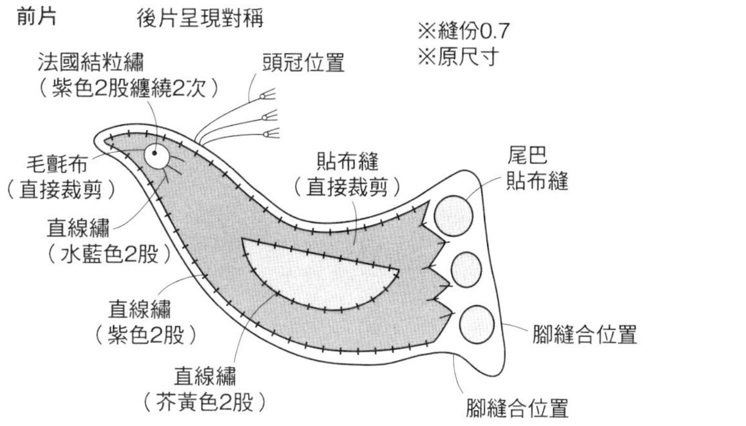
前片
後片呈現對稱
※縫份0.7
※原尺寸
法國結粒繡
（紫色2股纏繞2次）
頭冠位置
毛氈布
（直接裁剪）
貼布縫
（直接裁剪）
尾巴
貼布縫
直線繡
（水藍色2股）
直線繡
（紫色2股）
腳縫合位置
直線繡
（芥黃色2股）
腳縫合位置

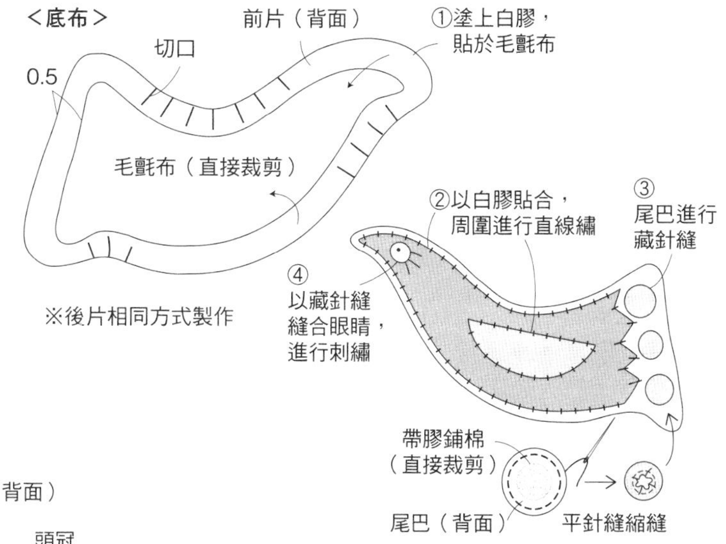
<底布>
前片（背面）
①塗上白膠，
貼於毛氈布
切口
0.5
毛氈布（直接裁剪）
※後片相同方式製作
②以白膠貼合，
周圍進行直線繡
③
尾巴進行
藏針縫
④
以藏針縫
縫合眼睛，
進行刺繡
帶膠鋪棉
（直接裁剪）
尾巴（背面）
平針縫縮縫

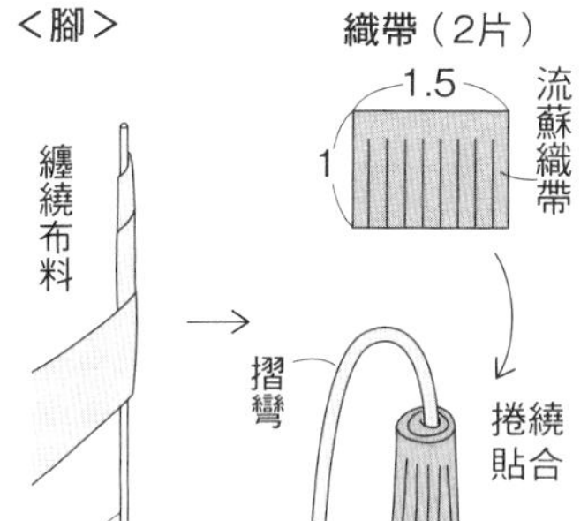
<腳>
織帶（2片）
1.5
1
流蘇織帶
纏繞布料
摺彎
捲繞
貼合
鐵絲（4cm）
塗上白膠
相反側也以
相同方式貼合

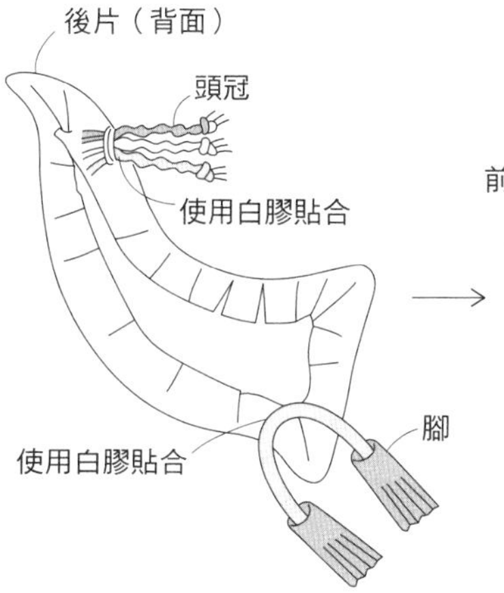
後片（背面）
頭冠
使用白膠貼合
使用白膠貼合
腳

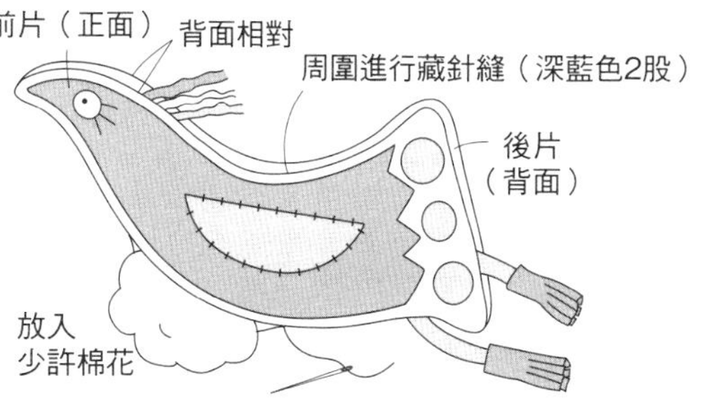
前片（正面）
背面相對
周圍進行藏針縫（深藍色2股）
後片
（背面）
放入
少許棉花

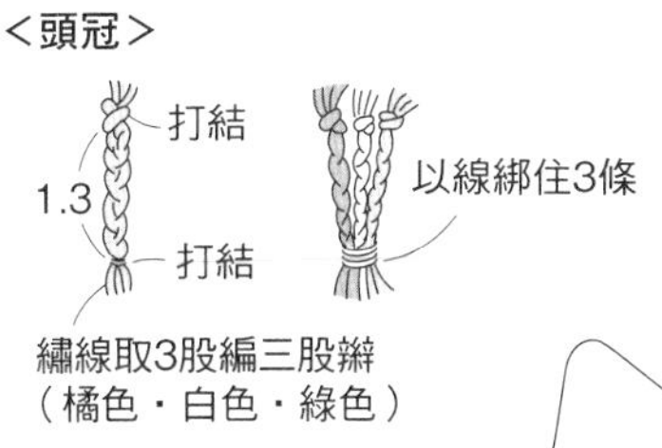
<頭冠>
打結
1.3
打結
以線綁住3條
繡線取3股編三股辮
（橘色・白色・綠色）

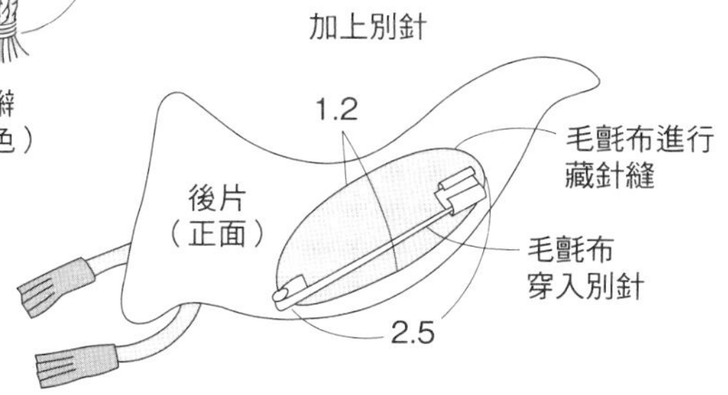
加上別針
1.2
毛氈布進行
藏針縫
後片
（正面）
毛氈布
穿入別針
2.5

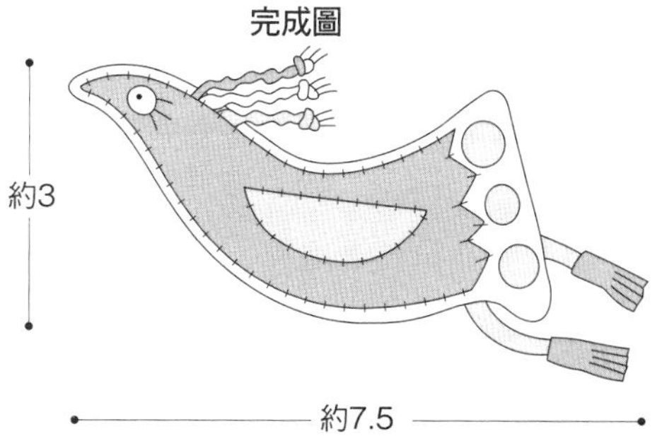
完成圖
約3
約7.5

24 萬聖節

作品……p. 42

材料

底布…30×30cm、貼布縫用布…使用零碼布、
裡布・鋪棉各35×35cm、滾邊布（斜紋布）…
3.5×110cm、25號繡線

作法

1 底布進行貼布縫與刺繡，製作表布。
2 1重疊鋪棉及裡布，進行壓線。
3 2的周圍進行滾邊。

<滾邊>

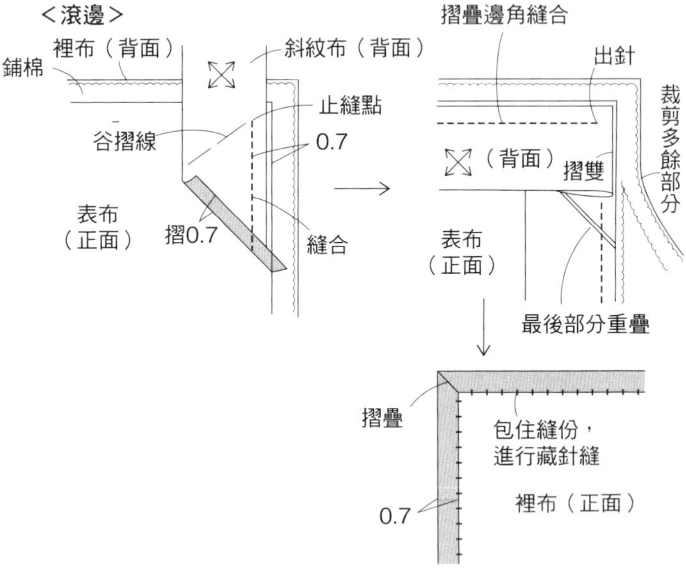

鋪棉
裡布（背面）
斜紋布（背面）
止縫點
谷摺線
0.7
表布
（正面）
摺0.7
縫合
摺疊邊角縫合
出針
裁剪多餘部分
（背面）
摺雙
表布
（正面）
最後部分重疊
摺疊
包住縫份，
進行藏針縫
裡布（正面）
0.7

配置圖 圖案放大200%使用　※刺繡皆使用輪廓繡

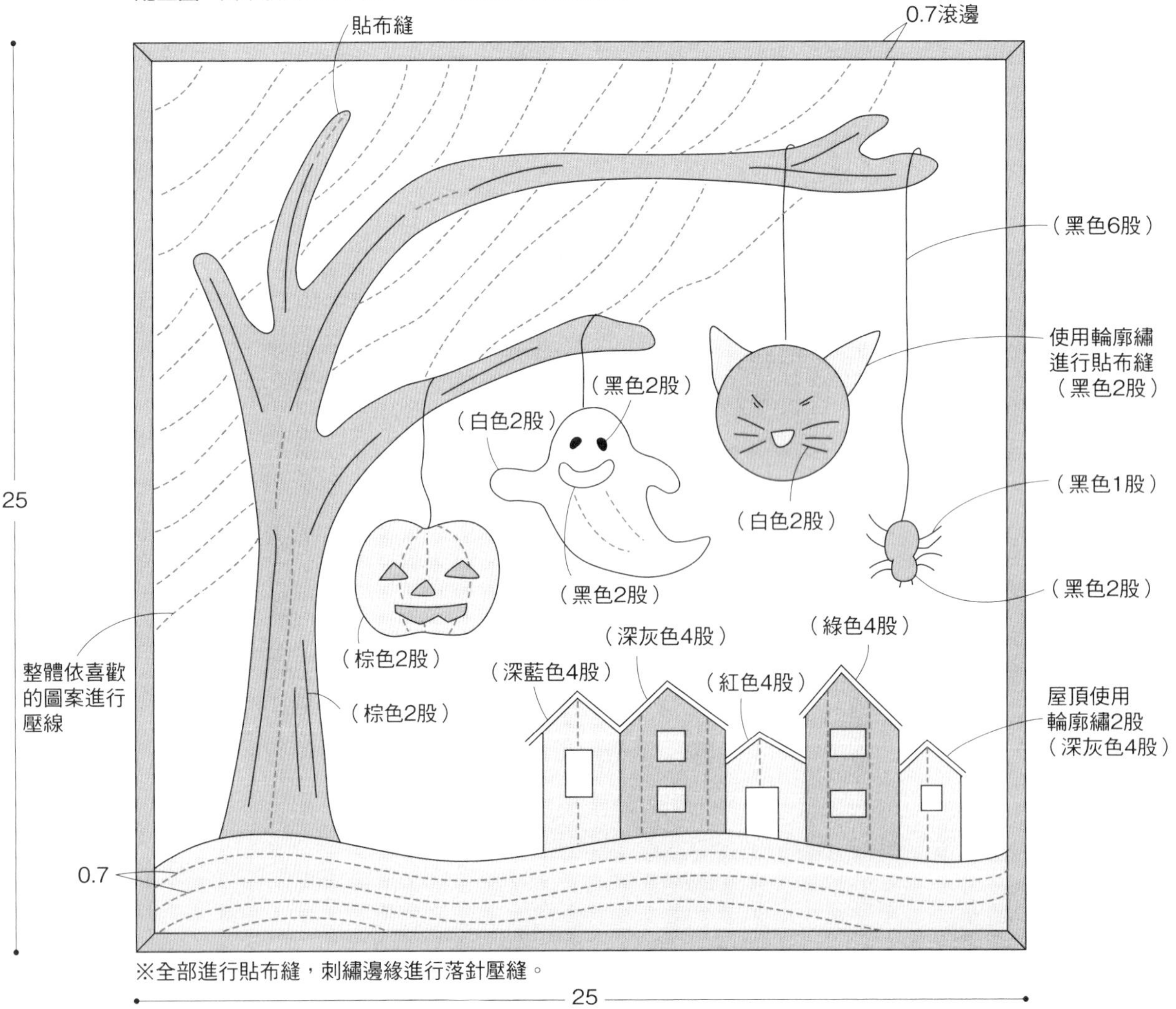

貼布縫
0.7滾邊
（黑色6股）
使用輪廓繡
進行貼布縫
（黑色2股）
（黑色2股）
（白色2股）
（白色2股）
（黑色1股）
（黑色2股）
（黑色2股）
25
（棕色2股）
（深灰色4股）
（綠色4股）
（深藍色4股）
（紅色4股）
整體依喜歡
的圖案進行
壓線
（棕色2股）
屋頂使用
輪廓繡2股
（深灰色4股）
0.7

※全部進行貼布縫，刺繡邊緣進行落針壓縫。

25

25 聖誕節

作品……p.43

材料

底布…30×30㎝、貼布縫用布…使用零碼布、裡布・鋪棉各35×35㎝、滾邊布（斜紋布）…3.5×110㎝、蠟線白色・25號繡線各色各適量

作法

1　底布進行貼布縫、刺繡，製作表布。
2　1重疊鋪棉及裡布，進行壓線。
3　2的周圍進行滾邊。

<製作A絨毛繡後，進行貼布縫>

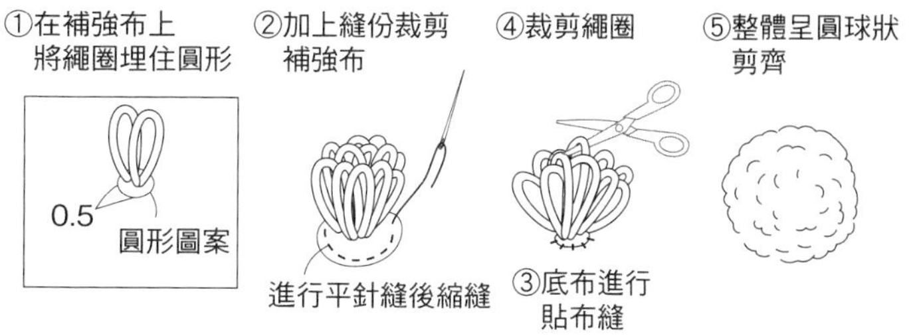

①在補強布上將繩圈埋住圓形
0.5
圓形圖案
②加上縫份裁剪補強布
進行平針縫後縮縫
③底布進行貼布縫
④裁剪繩圈
⑤整體呈圓球狀剪齊

<魚骨繡繡法>

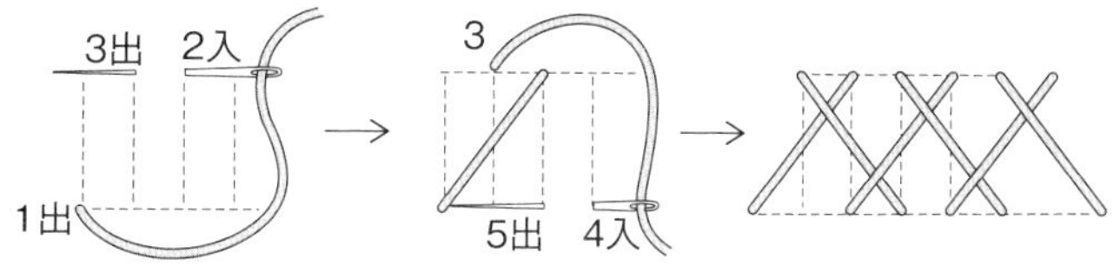

3出
2入
1出
3
5出
4入

<輪廓繡繡法>

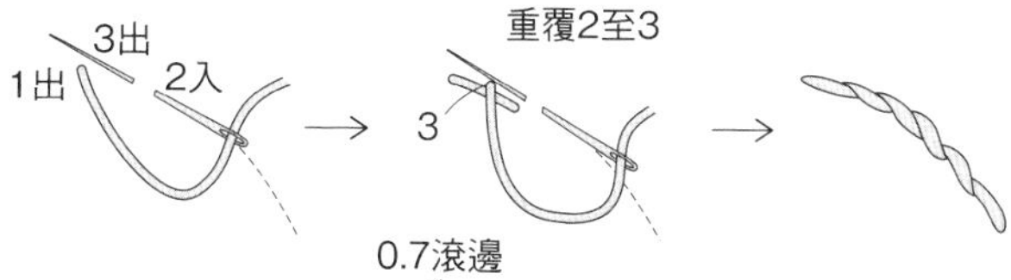

1出
3出
2入
重覆2至3
3

配置圖　圖案放大200%使用

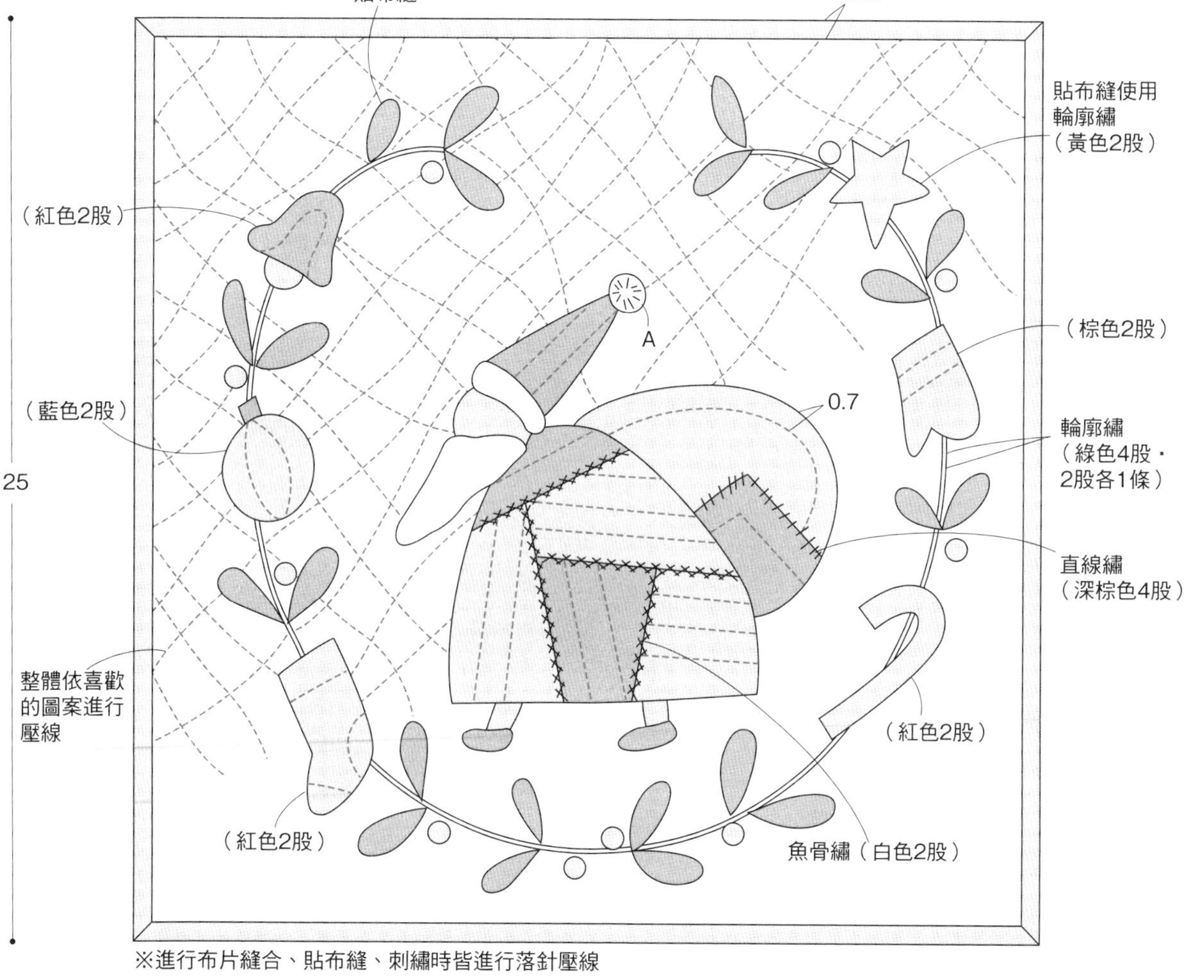

貼布縫
0.7滾邊
貼布縫使用
輪廓繡
（黃色2股）
（紅色2股）
A
（棕色2股）
（藍色2股）
0.7
輪廓繡
（綠色4股・
2股各1條）
25
直線繡
（深棕色4股）
整體依喜歡
的圖案進行
壓線
（紅色2股）
（紅色2股）
魚骨繡（白色2股）

※進行布片縫合、貼布縫、刺繡時皆進行落針壓線

25

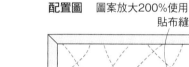

國家圖書館出版品預行編目資料

斉藤謠子の掌心拼布：小巧可愛！造型布小物＆實用小包 / 斉藤謠子著. -- 初版. -- 新北市：雅書堂文化事業有限公司, 2022.06
面；　公分. -- (拼布美學；47)
ISBN 978-986-302-632-7(平裝)

1.CST: 拼布藝術 2.CST: 手提袋

426.7　　111007146

斉藤謠子

拼布作家。重視色調的配色及用心製作的作品。除了日本以外，在國外也獲得很多粉絲的支持。電視節目及雜誌等各大平台上也很活躍。於千葉縣市川市開設拼布商店＆教室「Quilt Party」。著作繁多，多本繁體中文版著作皆由雅書堂文化出版。

PATCHWORK 拼布美學 47

斉藤謠子の掌心拼布

小巧可愛！造型布小物＆實用小包

作　　者／斉藤謠子
譯　　者／楊淑慧
發 行 人／詹慶和
執行編輯／黃璟安
編　　輯／蔡毓玲・劉蕙寧・陳姿伶
執行美編／陳麗娜
美術設計／周盈汝・韓欣恬
出 版 者／雅書堂文化事業有限公司
發 行 者／雅書堂文化事業有限公司
郵政劃撥帳號／18225950
戶　　名／雅書堂文化事業有限公司
地　　址／新北市板橋區板新路206號3樓
電　　話／(02)8952-4078
傳　　真／(02)8952-4084
網　　址／www.elegantbooks.com.tw
電子信箱／elegant.books@msa.hinet.net

2022年6月初版一刷　定價580元

SAITO YOKO NO TENOHIRA NO ITOSHIIMONO (NV70621)

Photographer:Hiroaki Ishii,Nobuhiko Honma
Original Japanese edition published in Japan by NIHON VOGUE Corp.
Traditional Chinese translation rights arranged with NIHON VOGUE Corp.
through Keio Cultural Enterprise Co., Ltd.

經銷／易可數位行銷股份有限公司
地址／新北市新店區寶橋路235巷6弄3號5樓
電話／(02)8911-0825
傳真／(02)8911-0801

斉藤謠子 Quilt school&shop
http://www.quilt.co.jp
Webshop: http://shop.quilt.co.jp

製作協助　石田照美・折見織江・河野久美子・中嶋恵子・船本里美・山田数子

STAFF 原書製作團隊
攝影　石井宏明・本間伸彥（P.44~P.48）
造型師　井上輝美
書籍設計　竹盛若菜
製圖　tinyeggs studio・大森裕美子
編輯協助　鈴木さかえ・石田めぐみ
編輯　石上友美

攝影協助　UTSUWA

斉藤謠子の 掌心拼布

小巧可愛！造型布小物&實用小包

斉藤謠子の

掌心拼布

小巧可愛！造型布小物&實用小包